供电电压管理一本通

赵振敏 主 编
万尧峰 副主编

中国电力出版社
CHINA ELECTRIC POWER PRESS

内 容 提 要

本书以供电电压管理的实际工作为基础，详细介绍了三部分内容：一是供电电压管理相关系统的操作说明，涵盖浙电电压管控系统、PMS2.0 供电电压系统、OPEN—3000 能量管理系统、用电信息采集系统四个操作系统；二是供电电压各项指标管理办法，涵盖供电电压四类监测点定义及设置原则、供电电压偏差的限值规定、电压合格率计算公式、月度指标“五率”的定义等；三是介绍 D 类电压监测仪的安装、操作方法以及常见缺陷和处理。

本书可作为供电企业供电电压专业技术人员的培训教材，也可作为相关技术人员与管理人员的工作参考书。

图书在版编目（CIP）数据

供电电压管理一本通 / 赵振敏主编. —北京：中国电力出版社，2021.4 (2024.12重印)

ISBN 978-7-5198-5549-9

Ⅰ. ①供… Ⅱ. ①赵… Ⅲ. ①供电–电压调整–研究 Ⅳ. ①TM714.2

中国版本图书馆 CIP 数据核字（2021）第 063824 号

出版发行：中国电力出版社
地　　址：北京市东城区北京站西街 19 号（邮政编码 100005）
网　　址：http://www.cepp.sgcc.com.cn
责任编辑：刘丽平
责任校对：黄　蓓　王海南
装帧设计：赵丽媛
责任印制：石　雷

印　　刷：廊坊市文峰档案印务有限公司
版　　次：2021 年 4 月第一版
印　　次：2024 年12月北京第二次印刷
开　　本：880 毫米×1230 毫米　32 开本
印　　张：3.5
字　　数：76 千字
定　　价：20.00 元

编委会

编写组

主　编　赵振敏

副主编　万尧峰

参　编　魏泽民　葛黄徐　吴　伟　冯　健　唐　昕　沈中元　王　强　张烨沁　曹　阳　钟　其　王时征　吴湘源　汪圣羽　陈海荣　陈万昆　成　龙　袁　悦　李仕杰　吴炳照　顾天天

前言

Preface

随着我国经济的飞速发展，农村城市化也快速发展，大功率电器逐步进入居民生活中，使用电量急剧增加，不同程度地影响到电网供电的电压质量。电压质量关系到千家万户，是提高居民生活水平的重要指标之一。改善供电质量对于电网的安全、经济运行，保障工业产品质量和科学实验的正常进行以及降低能耗均有重要意义，供电质量直接关系到国民经济的总体效益。

为了进一步提升供电电压质量管理水平和供电电压管理人员的业务素质，深入开展供电电压管理工作，国网嘉兴供电公司组织相关部门编写了适合供电电压质量管理各环节及各管理人员学习、培训的《供电电压管理一本通》。本书编写遵从“通俗易懂、有效实用”的原则，基本涵盖供电电压管理的各个层面、各个专业。本书共四章，包括供电电压质量理论基础、供电电压质量管理工作内容及要求、供电电压系统相关操作系统的说明及使用方法等。

本书适用于从事电压管理的各级专责、电压运维服务人员以及各基层工作成员，也可供相关专业及管理人员参考使用。

由于编写时间仓促，编者水平有限，书中难免有疏漏之处，恳请各位读者提出宝贵意见，使之不断完善。

编　者

2021 年 4 月

目录

Contents

前言

第一章 概述……………………………………………………001

第一节 基础知识……………………………………………………001

第二节 供电电压管理的工作内容……………………………………012

第三节 供电电压质量数据管理要求…………………………………015

第四节 供电电压质量评价指标………………………………………018

第二章 供电电压管理系统操作……………………………………025

第一节 国网供电电压系统介绍………………………………………025

第二节 浙电电压管控系统介绍………………………………………059

第三节 OPEN—3000 能量管理系统介绍……………………………066

第四节 电力用户用电信息采集系统介绍……………………………075

第三章 供电电压管理………………………………………………080

第一节 省公司检查供电电压工作规范要求…………………………080

第二节　供电电压工作评判标准 ………………………………… 084

第四章　供电电压质量管控专项提升 ………………………………… 087

第一节　供电电压分析与质量提升 ………………………………… 087

第二节　供电电压常用电压监测仪介绍及维护 ………………… 089

第一章 概 述

第一节 基 础 知 识

一、供电电压管理基础名词

（1）电压。电压也称作电动势差或电位差，是衡量单位电荷在静电场中由于电动势高低不同所产生的能量差的物理量。单位正电荷由 *a* 点移动到 *b* 点电场力所做的功，即为 *ab* 两点的电压，记为 U_{ab}。电压的国际单位制是伏（V）。

（2）电流强度。电流强度是通过导体横截面的电量与通过这些电荷量所用时间的比值，简称电流。电流强度的国际单位制是安（A）。

（3）电能。电能表示用电设备或用户所用电能的数量，又称电功，它是功率在一定时间内的累加值。其国际单位制为千瓦时（kW·h）。

（4）功率。功率是指物体在单位时间内所做的功，是描述做功快慢的物理量。其国际单位制为瓦（W）。

（5）额定电压。额定电压是指电气设备长时间正常工作时的最佳电压，又称为电气设备的标称电压。规定额定电压也是为了使电力设备能标准化、系列化制造，便于设备的运行、维护、管理等。

（6）功率因数。在交流电路中，把有功功率与视在功率之比称为功率因数，也可以将功率因数理解为电压与电流之间的相位差的余弦。功率因数是反映电力用户用电设备合理使用状况、电能利用程度和用电管理水平的一项重要指标。

（7）电晕。电晕是指带电体表面在气体或液体介质中发生局部放电的现象。电晕常发生在高压导线的周围和带电体的尖端附近，能产生臭氧、氧化氮等物质。在110kV以上的变电站和输电线路上，时常出现与日晕相似的光层，发出“嗤嗤”“噼哩”的声音。电晕能消耗电能，并干扰无线电波。电晕是极不均匀电场中所特有的电子崩流注形式的稳定放电。

（8）过电压。过电压是指电力系统在特定条件下所出现的超过工作电压的异常电压升高，是电力系统中的一种电磁扰动现象。

（9）电气主接线。一次设备按预期的生产流程所连成的电路称为电气主接线。主接线表明电能的生产、汇集、转换、分配关系和运行方式，是运行操作、切换电路的依据，又称为一次接线、一次电路主系统或主电路。

（10）电力网。电力系统中除去发电机和用电设备，即变电设备和各种电压等级的电力线路所组成的部分叫作电力网。

（11）有功功率。有功功率是指在交流电路中一个周期内发出或负载消耗的瞬时功率的积分的平均值（或负载电阻所消耗的功率），也称为平均功率。

（12）无功功率。无功功率是指在具有电抗的交流电路中，电场或磁场在一周期的一部分时间内从电源吸收能量，另一部分时间则释放能量，在整个周期内平均功率是零，但能量在电源和电抗元件（电容、电感）之间不停地交换。交换率的最大值即为无功功率。在单相交流电路中，其值等于电压有效值、电流有效值和电压与电流间相位角的正弦三者之积。

（13）视在功率。视在功率是表示交流电气设备容量的物理量，其值等于电压有效值和电流有效值的乘积。视在功率乘以功率因数等于有功功率。

（14）“五遥”。“五遥”是电力系统中对调度自动化遥信、遥测、遥控、遥调和遥视的简称。“五遥”是随着电力调度自动化程度的提高，在“一遥（遥信）”“二遥（遥信、遥测）”“三遥（遥信、遥测、遥控）”和“四遥（遥信、遥测、遥控、遥调）”的基础上发展起来的。

1）遥信（tele-signaling，TS）是指远程状态信号，它是指将电力调度范围内的发电厂、变电站中电气设备的状态信号远程传送给调度中心。常用于测量开关的位置信号，变压器内部故障综合信号、保护装置的动作信号、通信设备运行状况信号、调压变压器抽头动作信号等。遥信信号要求采用无源接点方式，即某一路遥信量的输入应是一对继电器的触点，通过通信端子板将继电器触点的闭合或者断开转换成为低电平或者高电平信号输送给RTU 的遥信模块。

2）遥测（tele-msasuring，TM）是指远程测量，它是指将电力调度范围内发电厂、变电站的主要参数和变量远程传送给调度中心。

3）遥控（tele-controlling，TC）是指远程控制，它是指电力系统调度中心发出命令以实现对发电厂、变电站中电气元件的操作和切换。

4）遥调（tele-adjusting，TA）是指电力系统调度中心远程调节调度范围内的发电厂、变电站中电气设备的各种参数。

5）遥视（tele-viewing，TV）是以视频传输的方式将电力调度范围内的发电厂、变电站中电气元件的状况传送给调度中心。

二、供电电压管理设施

（1）变压器。变压器是利用电磁感应原理来改变交流电压的装置，主要构件是一次绕组、二次绕组和铁心。变压器按用途可以分为配电变压器、电力变压器、全密封变压器、组合式变压器、干式变压器、油浸式变压器、单相变压器、电炉变压器、整流变压器、电抗器、抗干扰变压器、防雷变压器、试验变压器、转角变压器、大电流变压器、励磁变压器等。

（2）电抗器。电抗器也叫电感器。它是能够把电能转化为磁能而存储起来的元件。电抗器的结构类似于变压器，但只有一个绕组。电抗器具有一定的电感，它只阻碍电流的变化。电抗器按结构及冷却介质可分为空心式、铁心式、干式、油浸式等；按接法可分为并联电抗器和串联电抗器。

（3）断路器。断路器是指能够关合、承载和开断正常回路条件下的电流并能在规定的时间内关合、承载和开断异常回路条件下的电流的开关装置。断路器按其使用范围分为高压断路器与低压断路器，一般将3kV以上的称为高压断路器。

（4）电流互感器。电流互感器是依据电磁感应原理将一次侧大电流转换成二次侧小电流来测量的仪器。电流互感器的作用是将较大的一次电流通过一定的变比转换成较小的二次电流，用于保护、测量等目的。例如，变比为400/5的电流互感器可以将400A的实际电流转换为5A。

（5）电压互感器。电压互感器工作原理与变压器类似，基本结构是一次绕组、二次绕组和铁心。电压互感器的特点是容量很小且比较恒定，正常运行时接近于空载状态，主要用于保护测量仪表和继电器，同时使二次侧设备小型化。电压互感器按绝缘方式可分为干式、浇注式、油浸式和充气式；按安装地点可分为户内式和户外式。

（6）隔离开关。隔离开关是一种没有灭弧装置的开关设备，主要用来断开无负荷电流的电路，隔离电源，在分闸状态时有明显的断开点，以保证其他电气设备的安全检修。其主要作用是：分闸后，建立可靠的绝缘间隙，将需要检修的设备或线路与电源用一个明显断开点隔开，以保证检修人员和设备的安全；根据运行需要来换接线路；可用来分、合线路中的小电流，如套管、母线、连接头、短电缆的充电电流，开关均压电容的电容电流，双母线换接时的环流以及电压互感器的励磁电流等。

（7）避雷器。避雷器是用于保护电气设备免受雷击时高瞬态过电压危害，并限制续流时间，也常限制续流幅值的一种电气设备。避雷器有时也称为过电压保护器或过电压限制器。避雷器的主要类型有管型避雷器、阀型避雷器和氧化锌避雷器等。每种类型避雷器的工作原理是不同的，但是它们的工作性质是相同的，都是为了保护通信线缆和通信设备不受损害。

（8）耦合电容器。耦合电容器是电力系统高频通道中的重要设备，是用来在电力网络中传递信号的电容器，主要用于工频高压及超高压交流输电线路中，以实现载波、通信、测量、控制、保护及抽取电能等目的。耦合电容器的主要作用是使强电和弱电两个系统通过电容器耦合并隔离，提供高频信号通路，阻止工频电流进入弱电系统，以保证人身安全。带有电压抽取装置的耦合电容器除以上作用外，还可抽取工频电压供电保护及重合闸使用，起到电压互感器的作用。

（9）架空线路。架空线路主要指架空明线，架设在地面之上，是用绝缘子将输电导线固定在直立于地面的杆塔上以传输电能的输电线路。架设及维修比较方便，成本较低，但容易受到气象和环境（如大风、雷击、污秽、冰雪等）的影响而引起故障，同时整个输电走廊占用土地面积较多，易对周边环境造成电磁干扰。架空线路的主要部件有导线和避雷线（架空地线）、杆塔、绝缘子、金具、杆塔基础、拉线和接地装置等。

（10）电力电缆。电力电缆主要由线芯（导体）、绝缘层、屏蔽层和保护层等构成；线芯用于传输电能，用铜或铝的单股或多股线，通常用多股；绝缘层使导线与导线、导线与保护层互相绝缘，绝缘材料有橡胶、沥青、聚乙烯、聚氯乙烯、棉、麻、绸、油浸纸和矿物油、植物油等，目前大多使用油浸纸；屏蔽层是为了减少外电磁场影响而采用的一种带金属编织物外壳的导线；保护层用来保护绝缘层，并有防止绝缘油外溢的作用，分为内护层和外护层。电缆线路的造价比架空线路高，但其不用架设杆塔，占地少，供电可靠，极少受外力破坏，对人身安全。

（11）母线。在电力系统中，母线将配电装置中的各个载流分支回路连接在一起，起着汇集、分配和传送电能的作用。母线按外型和结构大致分为以下三类：① 硬母线，包括矩形母线、圆形母线、管形母线等；② 软母线，包括铝绞线、铜绞线、钢芯铝绞线、扩径空心导线等；③ 封闭母线，包括共箱母线、分相母线等。

（12）组合电器。组合电器是将两种或两种以上的电器按接线要求组成一个整体而各电器仍保持原性能的装置。结构紧凑，外形及安装尺寸小，使用方便，且各电器的性能可更好地协调配合。按电压高低可分为低压组合电器及高压组合电器。常见的低压组合电器有熔断式刀开关、电磁启动器、综合启动器等。

三、电力系统简介

1. 电力系统

电力系统是由发电、变电、输电、配电和用电等环节组成的电能生产与消费系统。它的功能是将自然界的一次能源通过发电动力装置转化成电能，再经输电、变电和配电将电能供应到各用户。电力系统的主体结构有电源（水电站、火电厂、核电站等发电厂）、变电站（升压变电站、负荷中心变电站等）、输电线路、配电线路和负荷中心。

2. 电气一次设备和二次设备

电气一次设备是指直接用于生产、输送和分配电能的生产过程的高压电气设备，包括发电机、变压器、断路器、隔离开关、自动开关、接触器、刀开关、母线、输电线路、电力电缆、电抗器等。电气二次设备是指对一次设备的工作进行监测、控制、调节、保护以及为运行、维护人员提供运行工况或生产指挥信号所需的低压电气设备，如熔断器、按钮、指示灯、控制开关、继电器、控制电缆、仪表、信号设备、自动装置等。

（1）发电机。发电机是指将其他形式的能源转换成电能的机械设备，它由水轮机、汽轮机、柴油机或其他动力机械驱动，将水流、气流、燃料燃烧或原子核裂变产生的能量转化为机械能传给发电机，再由发电机转换为电能。发电机的形式很多，但其工作原理都基于电磁感应定律和电磁力定律。因此，发电机的一般组成原则是：用适当的导磁和导电材料构成相互进行电磁感应的磁路和电路，以产生电磁功率，达到能量转换的目的。发电机通常由定子、转子、端盖及轴承等部件构成。其中，定子由定子铁芯、线包绕组、机座以及固定这些部分的其他结构件组成；转子由转子铁芯（或磁极、磁扼）绕组、护环、中心环、滑环、风扇及转轴等部件组成；由轴承及端盖将发电机的定子、转子连接组装起来，使转子在定子中旋转，做切割磁力线的运动，从而产生感应电动势，通过接线端子引出，接在回路中，便产生了电流。

（2）变压器运行方式有三种，如图 1－1 所示。

1）并列运行：两台变压器高压侧母线并列运行，低压侧母线联合向负荷供电。

2）分列运行：两台变压器高压侧母线并列（或分列）运行，低压侧母线由联络断路器分开运行。

3）单独运行：两台变压器一台运行一台备用，高、低压母线由联络断路器联络。

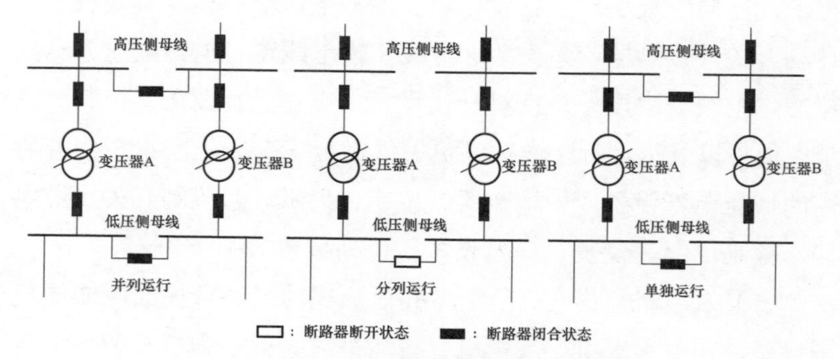

图 1–1　变压器运行方式

（3）负荷开关。负荷开关是介于断路器和隔离开关之间的一种开关电器，具有简单的灭弧装置，能切断额定负荷电流和一定的过载电流，但不能切断短路电流。区别于高压断路器，负荷开关没有灭弧能力，不能开断故障电流，只能开断系统正常运行情况下的负荷电流。负荷开关的优点是开断能力大、安全可靠、寿命长、可频繁操作、少维护等，多用于 10kV 以下的配电线路，其灭弧方式有压缩空气、SF_6和真空灭弧等。

（4）绝缘子。绝缘子安装在不同电位的导体或导体与接地构件之间的能够耐受电压和机械应力作用的电气设备。绝缘子种类繁多，形状各异。不同类型绝缘子的结构和外形虽有较大差别，但都是由绝缘件和连接金具两大部分组成的。绝缘子是一种特殊的绝缘控件，能够在架空输电线路中起到重要作用。

（5）电力电容器。任意两块金属导体的中间用绝缘介质隔开，即构成一个电容器。电容器电容的大小由其几何尺寸和两极板间绝缘介质的特性来决定。当电容器在交流电压下使用时，常以无功功率表示电容器的容量。电力电容器按用途可分为以下八种：

1）并联电容器。又称移相电容器，主要用于补偿电力系统感性负荷的无功功率，以提高功率因数，改善电压质量，降低线路损耗。

2）串联电容器。串联于工频高压输、配电线路中，用以补偿线路的分布感抗，提高系统的静态和动态稳定性，改善线路的电压质量，增加送电距离和增大输送能力。

3）耦合电容器。主要用于高压电力线路的高频通信、测量、控制、保护中，也可在抽取电能的装置中用作部件。

4）断路器电容器。又称均压电容器，并联在超高压断路器断口上起均压作用，使各断口间的电压在分断过程中和断开时均匀，并可改善断路器的灭弧特性，提高分断能力。

5）电热电容器。用于频率为 40～24 000Hz 的电热设备系统中，以提高功率因数，改善回路的电压或频率等特性。

6）脉冲电容器。主要起储能作用，用作冲击电压发生器、冲击电流发生器、断路器试验用振荡回路等基本储能元件。

7）直流和滤波电容器。用于高压直流装置和高压整流滤波装置中。

8）标准电容器。用于工频高压测量介质损耗回路中，作为标准电容或用作测量高压的电容分压装置。

3. 电压监测的发展历史

（1）第一代：读书式，由人工对记录的数据进行抄录，形成手工报表。

（2）第二代：IC 卡式，由人工持有一张存储数据的 IC 卡，到现场对记录的数据进行抄取。

（3）第三代：电话线 MODEM 式，每一台电压监测仪装一部电话线，利用电话线进行数据远程传输。

（4）第四代：GSM 短信式，利用中国移动提供的短信平台发送一条短信，将记录的数据远程传输。

（5）第五代：GPRS/CDMA 网络式，利用 GPRS/CDMA 网络实现实时数据传输。

四、供电电压偏差以及四类监测点定义

供电电压偏差是指电力系统在正常运行条件下供电电压对系统标称电压的偏差，供电电压偏差的限值规定如下：

（1）35kV 及以上供电电压正、负偏差绝对值之和不超过标称电压的 10%。如供电电压偏差同号（均为正或负）时，按较大的偏差绝对值作为衡量依据。

（2）20kV 及以下三相供电电压偏差为标称电压的 ±7%。

（3）220V 单相供电电压偏差为标称电压的+7%、−10%。

（4）对供电点短路容量较小、供电距离较长及对供电电压偏差有特殊要求的用户，由供用电双方协议确定。

（5）带地区供电负荷的变电站 20/10（6）kV 母线正常运行方式下的电压偏差为系统标称电压的 0%～+7%。

供电电压分为 A、B、C、D 四类监测点，四类监测点定义如下：

（1）A 类供电电压监测点：带地区供电负荷的变电站 20/10（6）kV 母线电压。

（2）B 类供电电压监测点：35（66）kV 专线供电和 110kV 及以上供电的用户端电压。

（3）C 类供电电压监测点：35（66）kV 非专线供电和 20/10（6）kV 供电的用户端电压。

（4）D 类供电电压监测点：380/220V 低压用户端电压。

五、供电电压监测点统计范围

城网和农网供电电压监测点统计范围规定如下：

（1）城网供电电压监测点统计地市供电公司直接管辖区域的监测点，包括市中心、市区、城镇三类地区。在三类地区均应设置监测点。

（2）农网供电电压监测点统计县级供电公司直接管辖区域的监测点，包括县城区、乡镇、农村和农牧区四类地区。在四类地区均应设置监测点。每个乡镇供电所至少设置 1 个监测点。

（3）城网和农网综合供电电压合格率统计范围不重复、不空白。

第二节　供电电压管理的工作内容

供电电压管理采用各部门分工合作、协调配合的管理体系，由运检部牵头，分解电压运维管理工作，纵向推动各级运检执行，横向协调调度、营销部门实施，明确责任分工，分层分区保障供电电压管理水平的提升。

本节介绍了供电电压管理的组织体系及工作内容，以便从事电压管理的工作人员明确责任分工，更好地开展供电电压管理工作。

一、组织体系

国网设备部根据各省公司上年度城网和农网供电电压合格率完成情况，进行综合分析后，下达下一年度城网和农网供电电压合格率计划值；省公司分解下达各地（市）公司城网和农网供电电压合格率计划值；地（市）公司分解下达各县公司供电电压合格率计划值。

根据《国家电网公司供电电压管理规定》，各级部门职责范围如下：

（1）市公司运检部负责组织开展供电电压和无功补偿专业管理工作；负责执行省公司下达的城网和农网综合供电电压合格率指标计划；负责本单位指标计划分解和指标统计分析；负责组织制定本单位供电电压监测点设置方案，按要求设置并动态调整供电电压监测点，满足供电电压管理要求；负责开展供电电压专业分析，制定并落实电压质量提升措施；负责组织电压监测仪周期检验；负责组织编制供电电压和无功补偿专业报告；组织专业会议，开展相关技术培训和交流。

（2）市公司发展部负责所辖电网的无功规划；在电网建设与改造工程的规划设计中，按照 Q/GDW 1146—2014《高压直流换流站无功补偿配置技术导则》组织审定无功补偿模式、无功补偿装置容量及安装地点。

（3）市公司营销部（客户服务中心）负责组织 B、C 类供电电压监测数据采集，保证 B、C 类供电电压监测数据传送的及时、完整、准确；负责处理本侧系统电压采集数据缺失等问题；负责开展监测设备校验、安装、调试、维护，满足供电电压管理要求；负责将相关用户新投、停运和调整等情况通知运检部门，配合审核 B、C 类供电电压监测点设置方案，配合分析和处理 B、C 类供电电压越限问题。

（4）市公司调控中心负责组织 A 类供电电压监测数据采集，保证供电电压监测数据传送的及时、完整、准确；及时处理本侧系统电压采集数据缺失等问题；负责电网电压调整与控制，协助做好供电电压调整与控制；配合分析和处理 A 类供电电压越限问题。

（5）市信通公司负责落实供电电压自动采集系统相关的、所辖范围内通信通道建设运维以及信息安全接入等工作。

（6）县公司运检部负责组织开展供电电压和无功补偿专业管理工作；负责执行市公司下达的综合供电电压合格率指标计划；负责指标统计分析；负责组织制定本单位供电电压监测点设置方案，按要求设置并动态调整供电电压监测点，满足供电电压管理要求；负责开展供电电压专业分析，制定并落实电压质量提升措施。

（7）县公司营销部负责组织 B、C 类供电电压监测数据采集，保证 B、C 类供电电压监测数据传送的及时、完整、准确；及时处理本侧系统电压采集数据缺失等问题；开展监测设备校验、安装、调试、维护，满足供电电压管理要求；及时将相关用户新投、停运和调整等情况通知运检部门，配合审定 B、C 类供电电压监测点设置方案；配合分析和处理 B、C 类供电电压越限问题。

（8）县公司调控分中心负责组织 A 类供电电压监测数据采集，保证供电电压监测数据传送的及时、完整、准确；及时处理本侧系统电压采集数据缺失等问题；负责电网电压调整与控制，协助做好供电电压调整与控制；配合分析和处理 A 类供电电压越限问题。

二、工作内容

供电电压管理是以计算机为载体，网络系统为工具，通过浙电电压管控系统（简称浙电系统）来实现数据巡检、维护、分析等。供电电压管理依据《供电监管办法》（国家电力监管委员会令第 27 号）、《国家电网公司供电电压管理规定》（国网（运检/3）412—2018）、《国网设备部关于进一步加强供电电压监测工作的通知》（设备技术〔2020〕83 号）、《电压监测仪技术规范》（Q/GDW 10819—2018）、《电压监测仪检验规范》（Q/GDW 10817—2018）等开展工作，主要工作包括数据巡检、数据维护、数据分析、监测点动态调整、指标计划管理。

（1）数据巡检。定期登录浙电系统巡视电压监测点合格率完成情况，核查各类电压监测点数据，处理异常监测点，如电压越限、数据缺失、装置离线等。

（2）数据维护。各级单位按照规定规范 A、B、C、D 四类监测点命名，维护 D 类电压监测点台账，包括装置型号、出厂编码、生产厂家、安装日期、校验日期、安装位置、SIM 卡号等，应对电压监测仪进行验收检验和周期检验，执行 Q/GDW 1817—2013《电压监测仪检验规范》的相关要求。

（3）数据分析。对于监测中发现的电压问题，各级单位需充分利用浙电系统，依托 OPEN—3000 能量管理系统、用电信息采集系统等其他系统的电压数据开展电压统计分析，必要时通过电压实测等手段，及时准确掌握供电电压情况，并出具相关电压分析报告。

（4）监测点动态调整。国家电网公司针对供电电压监测点数量有明确规定，各级单位 A、B、C、D 类监测点数量需满足国家电网公司要求，且需定期进行数量调整，如新建的 20/10（6）kV 母线应在带负荷后次月列入 A 类电压监测点进行统计、考核；停运母线应在当月停运该 A 类电压监测点。各类电压监测点投运、停运等状态变更，经省公司运检部审批后生效。

（5）指标计划管理。城网和农网供电电压结算日为每月 25 日，统计电压数据截止日期为每月 24 日。各级单位需按照供电电压合格率计划值控制城网、农网电压合格率。

第三节　供电电压质量数据管理要求

一、供电电压监测数据来源

（1）A 类监测点数据由省级调度管理系统（OMS）获取，A 类监测点数据可登录 OPEN—3000 能量管理系统进行查看。

（2）B、C 类监测点数据由省级用电信息采集系统获取。安装在公司所辖变电站（用户计量点）母线的 B 类监测点数据，可由省级 OMS 获取。

（3）D 类监测点数据全部来源于电压监测仪。

二、供电电压监测点台账命名规范

电压监测点台账信息包括监测点名称、安装位置、类别、电压等级、电压限值、供电电源、SIM 卡号码和地区特征等信息以及通信方式等。电压监测点命名原则如下：

（1）A 类监测点名称应与设备调度运行编号命名一致，命名规则为变电站电压等级＋变电站名称＋20/10（6）kV 母线调度运行编号，如 110kV 嘉兴变 10kV Ⅰ段母线。

（2）B、C 类监测点名称应与用电信息采集系统用户名称一致，命名规则为用户电压等级＋用电信息采集系统中用户名称（可用简称），如 10kV 嘉兴学院、10kV 嘉兴市荣盛物业管理有限责任公司（该点可用简称，如 10kV 荣盛物业管理公司）。

（3）D 类监测点名称应包含公用配变台区名称和安装位置，命名规则为 PMS 2.0 中公用配电变压器名称＋安装位置，如南溪花园 3#箱变（首端）、烟雨小区 3#箱变（末端），D 类监测点需提供详细安装位置和经纬度。

三、供电电压监测点设置原则

供电电压分为 A、B、C、D 四类监测点，设置原则如下：

1. A 类供电电压监测点设置原则

（1）变电站内两台及以上变压器分列运行，每段 20/10（6）kV 母线均设置一个电压监测点。

（2）一台变压器的 20/10（6）kV 为分列母线运行的，只设置一个电压监测点。

2. B 类供电电压监测点设置原则

（1）35（66）kV 及以上专线供电的可装在产权分界处，110kV 及以上非专线供电的应安装在用户变电站侧。

（2）对于两路电源供电的 35kV 及以上用户变电站，用户变电站母线未分列运行，只需设一个电压监测点；用户变电站母线分列运行，且两路供电电源为不同变电站的应设置两个电压监测点；用户变电站母线分列运行，两路供电电源为同一变电站供电，且上级变电站母线未分列运行的，只需设一个电压监测点；用户变电站母线分列运行，双电源为同一变电站供电的，且上级变电站母线分列运行的，应设置两个电压监测点。

（3）用户变电站高压侧无电压互感器的，电压监测点设置在给用户变电站供电的上级变电站母线侧。

3. C 类供电电压监测点设置原则

（1）每 10MW 负荷至少应设一个电压监测点。

（2）C 类电压监测点应安装在用户侧。

（3）C 类负荷计算方法为：C 类用户年售电量除以统计小时数。

（4）应选择高压侧有电压互感器的用户，不宜设在用户变电站低压侧。

4. D 类供电电压监测点设置原则

（1）每 50 台公用配电变压器至少应设 1 个电压监测点，不足 50 台的设 1 个电压监测点。

（2）D 类供电电压监测点应设在有代表性的低压配电网首末两端用户附近。

四、供电电压监测点动态调整原则

供电电压四类监测点按照监测点类别，每月、每季度或每年进行动态调整。动态调整的原则如下：

（1）A 类监测点：新建、改（扩）建变电站，新建的 20/10（6）kV 母线应在带负荷后次月列入 A 类电压监测点进行统计、考核；停运母线应在当月停运该 A 类电压监测点。

（2）B 类监测点：新投 35（66）kV 专线供电和 110kV 及以上供电的用户应在投产次月列入 B 类电压监测点进行统计、考核；停运用户应在当月停运该 B 类电压监测点。

（3）C 类监测点：选择具有代表性的用户设置 C 类电压监测点，根据上年度用户年售电量校核 C 类监测点数量，并在每年首季度末完成监测点增减工作。

（4）D 类监测点：定期进行 D 类监测点数量校核，并及时完成监测点增减工作。根据专业管理需要自行设置观测点，观测点不纳入合格率统计考核。

各类电压监测点投运、停运等状态变更，填报四类电压监测点新增申请表、停运申请表，详情见第二章第一节三、监测点管理→1、监测点台账→（2）新建功能中的 ABCD 类监测点新增申请表，经市运检部、省运检部审批后生效。

第四节　供电电压质量评价指标

一、供电电压指标计划

国网设备部根据各省公司上年度城网和农网供电电压合格

率完成情况，综合分析，下达下一年度城网和农网供电电压合格率计划值；省公司分解下达各地（市）公司城网和农网供电电压合格率计划值；地（市）公司分解下达各县公司供电电压合格率计划值。目前，省公司下达给市级单位城网供电电压合格率不低于 99.995%，农网供电电压合格率不高于 99.980%且不低于99.800%，各县公司、分中心按照市级单位指标进行把控。

二、供电电压质量评价指标

供电电压质量评价指标主要包括供电电压 GIS 信息准确录入率、电压监测点位置信息及电压数据与现场实际情况符合度、城农网设置监测点停运比例指标、供电电压无效数据比例。

1. 供电电压 GIS 信息准确录入率

系统中电压监测点实际设置数量应大于等于应设点数量，GIS 信息准确录入率应高于 95%。电压监测点应设点数量可参考第一章第三节中的“供电电压监测点设置原则”，GIS 信息准确录入率包含规范四类电压监测点的命名以及填写 D 类监测点详细安装位置和经纬度，相关规定可参照第一章第三节中的“供电电压监测点台账命名规范”。

2. 供电电压监测点实际符合度

电压监测点 PMS 系统台账中的位置信息及电压数据应与现场保持一致。其中 D 类监测点经纬度需真实有效，原则上现场核实装置实际经纬度与 PMS 系统台账录入的经纬度的误差不超过 30%。此外，PMS 系统中的电压数据需与现场保持一致，且 D 类监测点现场实际安装位置应与 PMS 系统录入的安装位置保持一致。

3. 供电电压监测点停运比例

开展供电电压质量管控工作时，可根据实际情况停运、删除监测点。原则上每月停运、删除的监测点数量应不大于监测点总数的 1%。

4. 供电电压无效数据比例

A 类监测点无效数据比例原则上不能出现连续 3 天以上出现 A 类监测点总数的 5%，B、C 类监测点无效数据比例原则上不能出现连续 3 天以上出现 B、C 类监测点总数的 5%，D 类监测点数据由电压监测仪上送，只考核月数据缺失比例，原则上 D 类监测点月数据缺失条数不超过 D 类监测点总数的 3%。

三、电压合格率计算公式

电压合格率定义：供电电压合格率是实际运行电压在允许电压偏差范围内累计运行时间与对应的总运行统计时间的百分比。

1. 统计时段（日、月）电压合格率

（1）监测点电压合格率 U_i：

$$U_i\,(\%)=\left(1-\frac{\text{电压超上限时间}+\text{电压超下限时间}}{\text{电压监测总时间}}\right)\times 100\%$$

注：统计电压合格率的时间单位为“分（min）”。

例 1：某 D 类监测点某天电压监测总时间为 1440min，其中电压越上限 120min，电压越下限 0min，则该监测点电压日合格率为（1－120/1440）×100%＝91.667%。若该监测点某天监测总时间不足，为 1200min，则该电压监测点日电压合格率为 90%。

（2）各类供电电压合格率 U（A、B、C、D）：

1）地（市）公司各类供电电压合格率 U 地市（A、B、C、D）：

$$U_{\text{地市（A、B、C、D）}}(\%)=\left(1-\frac{\sum_{i=1}^{n}\text{电压超上限时间}+\sum_{i=1}^{n}\text{电压超下限时间}}{\sum_{i=1}^{n}\text{电压监测总时间}}\right)\times 100\%$$

式中：n 为该类供电电压监测点数。

例 2：某地（市）公司农网 5 月 D 类监测点共计越限 12 500min，5 月 D 类监测点总运行时间为 30 240 000min，则该地市 5 月农网 D 类合格率为（1－12 500/30 240 000）×100%＝99.959%。

2）省公司各类供电电压合格率 U 省（A、B、C、D）：分别为其所属地（市）公司相应类的供电电压合格率 U 地市（%）与其对应测点数 n 的加权平均值。

$$U_{\text{省（A、B、C、D）}}(\%)=\left(\frac{\sum_{i=1}^{k}U_{\text{地市（A、B、C、D）}}\times n_{\text{地市（A、B、C、D）}}}{\sum_{i=1}^{k}n_{\text{地市（A、B、C、D）}}}\right)\times 100\%$$

式中：$n_{\text{地市（A、B、C、D）}}$ 为地（市）公司各类电压监测点数；k 为省公司的地（市）公司数量。

例 3：某省公司直属地市有地市 A 和地市 B。5 月，A 地市农网 D 类监测点合格率为 99.959%，农网 D 类监测点有 500 个，B 地市农网 D 类监测点合格率为 99.945%，农网 D 类监测点有 600 个，则省公司农网 D 类监测点合格率为（99.959%×500＋99.945%×600）/（500＋600）＝99.951%。

2. 综合供电电压合格率

$$U_{\text{综合}}(\%)=0.5U_{A}+0.5\left(\frac{U_{B}+U_{C}+U_{D}}{3}\right)$$

注：公式中 U_A、U_B、U_C、U_D 分别为 A、B、C、D 类的电压合格率。某单位有几类监测点，公式中的“3”则变为几。如某单位只有 B、C 两类监测点，则分母“3”改成“2”。

3. 年累计电压合格率

（1）各级管理单位（省、市、县）的年累计各类（A、B、C、D）供电电压合格率均应根据各月度电压合格率和监测点数按照加权平均算法计算而得。计算方法可参考例 3。

（2）各级管理单位的年累计综合供电电压合格率与月度综合供电电压合格率的算法一致。

4. 城网、农网指标及综合指标要求

根据省公司要求，城网指标年累计最低为 99.995%，农网指标年累计最低为 99.800%，综合指标最低为 99.850%。市公司要求各单位城网年累计不低于 99.999%，农网年累计不超过 99.979%。

四、各月度指标（“五率”）计算公式

“五率”是考核城农网指标的一项重要衡量手段，包括数据接入率、数据自动采集率、数据完整率、监测点有效率、装置连续接入率。下面介绍“五率”的定义以及计算方式。

1. 数据接入率

（1）A 类数据接入率计算公式为：

当月通过调度自动化系统接入在运有效 A 类监测点数/A 类监测点总数 × 100%

（2）B、C 类数据接入率计算公式为：

当月由用电信息采集系统接入的在运 B、C 类有效监测点数/B、C 类监测点总数 × 100%

（3）D 类数据接入率计算公式为：

当月通过新装置接入的在运 D 类监测点数/D 类监测点总数 × 100%

说明：

（1）其中有效指参与当月合格率计算的监测点，下同。

（2）试运行期间统计，正式运行后不再统计该指标。

（3）分母中的监测点总数为在运监测点总数。

（4）B、C 类监测点：

1）数据来源为用电信息采集系统，且从用电信息采集系统接入月合格率数据，作为数据已接入监测点；

2）B 类监测点数据来源为调度系统，且从调度系统接入月合格率数据，作为数据已接入监测点；

3）数据来源为非用电信息采集系统，用电信息采集监测点台账关联到供电电压测点，且电压值数据接入的监测点，视为数据已接入监测点；否则，作为数据未接入监测点。

2. 数据自动采集率

数据自动采集率计算公式为：

（1 – 手工填报监测点数/监测点总数）×100%

说明：

（1）有效监测点，无效监测点均参与统计。

（2）按自然月计算，取自然月最后一天的监测点档案进行统计（包括监测点的停、启用时间，监测点的变更记录表）。

3. 数据完整率

数据完整率计算公式为：

∑（当日有合格率的监测点数/有效监测点总数×100%）/当月天数×100%

每天计算日完整性，按月平均。

说明：

（1）先统计 A、D 类。

（2）月度按照自然月统计。

（3）分母中有效监测点总数为参与日数据计算的监测点总数，即在运监测点数。

4. 监测点有效率

监测点有效率计算公式为：

$$当月有效监测点数/监测点总数 \times 100\%$$

5. 装置连续接入率

装置连续接入率计算公式为：

$$连续接入装置数/装置总数 \times 100\%$$

说明：

（1）当月若有 3 天连续无数据接入，则该装置作为非连续接入装置。

（2）月度按照自然月统计。

（3）采用的监测点范围为在运监测点数。

第二章
供电电压管理系统操作

第一节　国网供电电压系统介绍

国网供电电压系统是设备（资产）运维精益管理系统（PMS2.0）中的一个子系统，与浙电电压管控系统略有不同。国网供电电压系统只统计市公司城、农网各类电压监测点合格率完成情况，浙电电压管控系统除统计市公司城、农网各类电压监测点合格率完成情况外，还统计各分中心城/农网、县局农网各类电压监测点合格率完成情况。

国网供电电压系统共有七个主菜单，分别为基础信息维护、首页综合展示、合格率管理、监测点管理、指标统计分析管理、异常信息管理和无功设备专业管理。

一、首页综合展示

首页综合展示打开步骤：系统导航→监督评价中心→供电电压→首页→综合展示，打开步骤如图 2–1 所示。

首页综合展示打开后如图 2–2 所示，首页综合展示上半部分展示了三种供电电压合格率情况表，分别为市公司当月综合电压合格率完成情况表、当月城网电压合格率完成情况表、当月农网电压合格率完成情况表。从每一种电压合格率完成情况表均可以直观看出当月、年累计综合电压合格率，以及A、B、C、D四类电压监测点当月、年累计综合电压合格率。

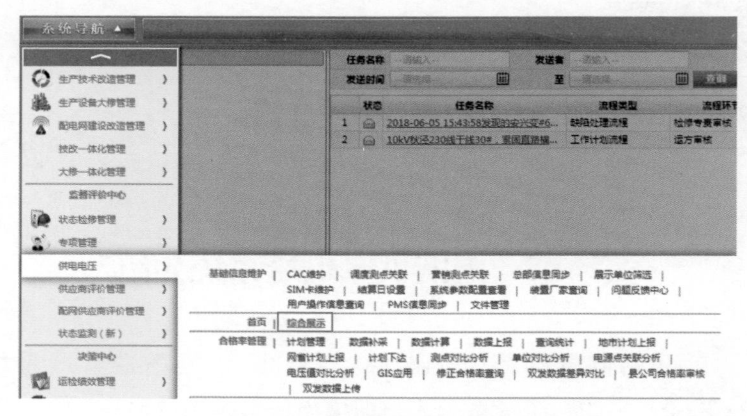

图2-1　首页综合展示打开步骤

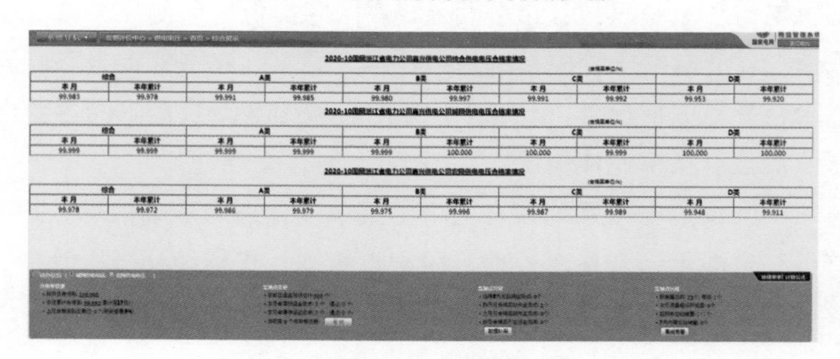

2020-10国网浙江省电力公司嘉兴供电公司综合供电电压合格率情况

综合		A类		B类		C类		D类	
本月	本年累计	本月	本年累计	本月	本年累计	本月	本年累计	本月	本年累计
99.983	99.978	99.991	99.985	99.980	99.997	99.991	99.992	99.953	99.920

2020-10国网浙江省电力公司嘉兴供电公司城网供电电压合格率情况

综合		A类		B类		C类		D类	
本月	本年累计	本月	本年累计	本月	本年累计	本月	本年累计	本月	本年累计
99.999	99.999	99.999	99.999	99.999	100.000	100.000	99.999	100.000	100.000

2020-10国网浙江省电力公司嘉兴供电公司农网供电电压合格率情况

综合		A类		B类		C类		D类	
本月	本年累计	本月	本年累计	本月	本年累计	本月	本年累计	本月	本年累计
99.978	99.972	99.986	99.979	99.975	99.998	99.987	99.989	99.948	99.911

图2-2　首页综合展示

点击三种供电电压合格率情况表中任意一个表的表名，即可打开综合数据展示统计表，该表可以详细查看每月供电电压合格率，右上角可以导出统计表，如图2-3所示。

如图2-2所示，首页综合展示下半部分为供电电压待办信息，待办信息分城网供电电压和农网供电电压两种，每一种下面均包含了合格率管理、监测点变更、监测点异常、监测点运维四类简明待办信息，如图 2-4 所示。

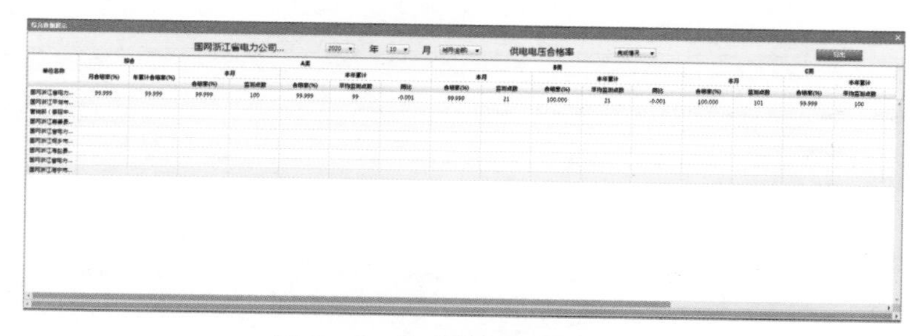

图 2-3　综合数据展示统计表

图 2-4　待办信息

待办信息中，合格率管理可以直观看出昨日合格率完成情况，本月累计合格率完成情况；监测点变更中可以直观看出当前在运监测点总数、本月申请投运监测点个数以及通过个数、本月申请停运监测点个数以及通过个数、当前待审核任务个数；监测点异常可以直观看出连续 5 天无数据监测点个数、昨天日合格率缺失监测点个数、上月月合格率缺失监测点个数、昨日合格率不达标监测点个数；监测点运维可以直观看出新装置总数以及离线个数（新装置总数指 D 类监测点在运装置数量，离线个数即为在运 D 类监测点离线数量）。其中，在监测点运维中，点击离线后面的数字，可以打开测点运维详情页，可以查看离线监测点的详细名称、监测点类别、电压等级、装置厂家等，如图 2-5 所示。

二、合格率管理

国网供电电压系统中，合格率管理是常用的菜单之一，其中包含十几项子功能，较为常用的子功能有查询统计和数据补采，如图 2－6 所示。下面对这两个常用子功能进行详细的说明。

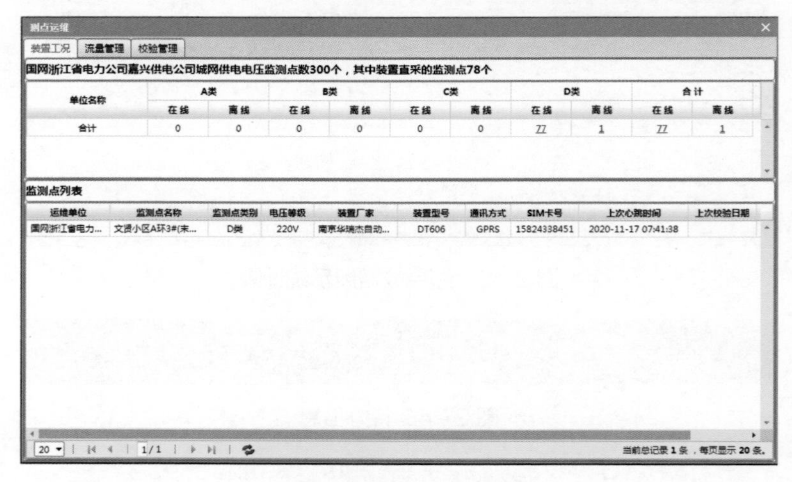

图 2－5　监测点运维

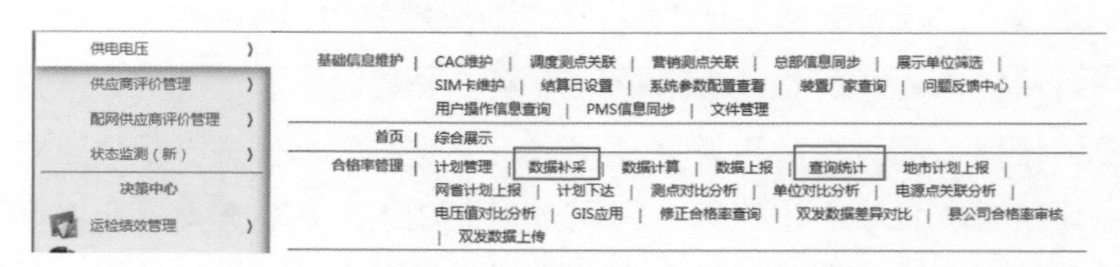

图 2－6　数据补采及查询统计功能

1. 查询统计

参考图 2－6，点击查询统计，即可进入查询统计页面，如图 2－7 所示。查询统计页面可按照城农网和地区特征分别查询日数据、月数据、季数据以及年数据，图 2－7 查询的为城网且包含所有地区特征的监测点 2020 年 11 月 17 日的日数据。

注意：城网地区特征分市中心、城镇和市区，农网地区特征分为县城区、乡镇、农村和农牧区。

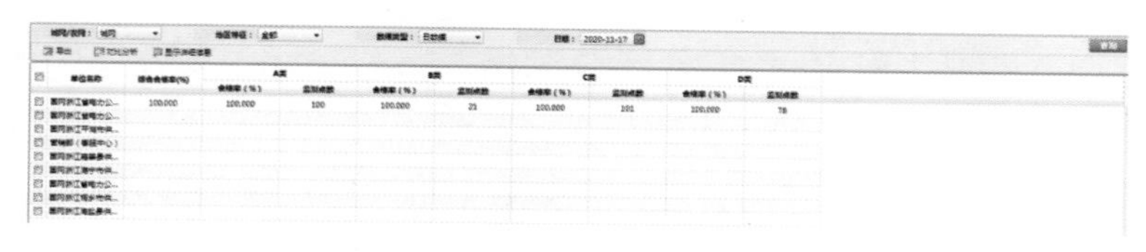

图 2-7　查询统计页面

在查询统计页面，选中“国网浙江省电力公司嘉兴供电公司”，点击显示详细信息，如图 2-8 所示，即可进入电压合格率详细信息窗口。

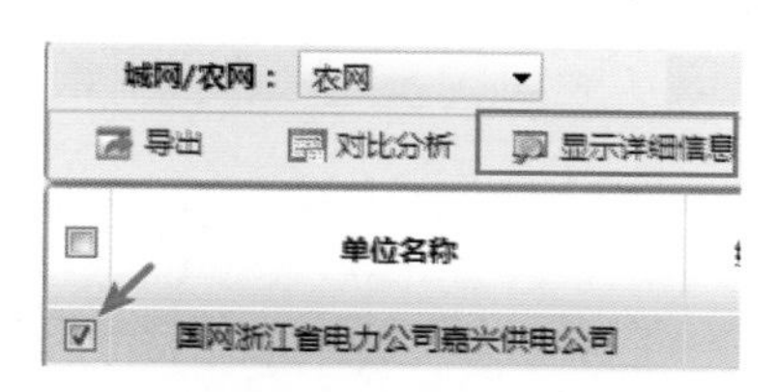

图 2-8　显示详细信息

图 2-9 为国网浙江省电力公司嘉兴供电公司日合格率详细信息窗口。该窗口分为上下两个部分，上部分展示农网综合以及 A、B、C、D 四类监测点的合格率、监测点数、实测点数、实测率、超上限时间、超下限时间、监测总时间等，可以直观地看出

国网浙江省电力公司嘉兴供电公司2020年11月17日农网日合格率详细信息

分类	监测点数	合格率(%)	实测点数	实测率(%)	超上限时间(分)	超上限率(%)	超下限时间(分)	超下限率(%)	监测总时间(分)
农网综合	1242	99.991	1222	98.390	422	0.025	21	0.001	1720277
农网A类	209	99.997	209	100.000	10	0.000	0	0.000	300960
农网B类	98	100.000	98	100.000	0	0.000	0	0.000	140175
农网C类	245	100.000	245	100.000	0	0.000	0	0.000	352800
农网D类	690	99.953	670	97.101	412	0.044	21	0.002	926342

图 2-9　日合格率详细信息窗口

农网 A 类越上限 10min，农网 D 类越上限 412min，农网 D 类越下限 21min，B、C 类未发生越限；监测点数农网 A、B、C 类与实测点数相等，而农网 D 类监测点数 690 个，实测点数 670 个，说明有 20 个监测点日数据缺失，需要数据补采。数据补采将在后面进行详细描述。

在农网日合格率详细信息窗口上部分点击“日数据”可查看某一类监测点当月所有日电压统计数据。例如，查看农网 A 类当月所有日电压统计数据，操作步骤如下：首先在农网日合格率详细信息窗口上部分选中农网 A 类这一行，点击“日数据”按钮，如图 2－10 所示。

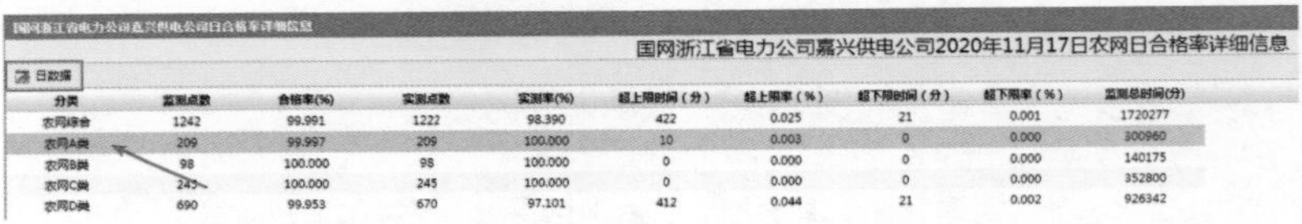

国网浙江省电力公司嘉兴供电公司日合格率详细信息

国网浙江省电力公司嘉兴供电公司2020年11月17日农网日合格率详细信息

日数据

分类	监测点数	合格率(%)	实测点数	实测率(%)	超上限时间（分）	超上限率（%）	超下限时间（分）	超下限率（%）	监测总时间(分)
农网综合	1242	99.991	1222	98.390	422	0.025	21	0.001	1720277
农网A类	209	99.997	209	100.000	10	0.003	0	0.000	300960
农网B类	98	100.000	98	100.000	0	0.000	0	0.000	140175
农网C类	245	100.000	245	100.000	0	0.000	0	0.000	352800
农网D类	690	99.953	670	97.101	412	0.044	21	0.002	926342

图 2－10　查看农网 A 类当月所有日电压统计数据步骤

点击“日数据”按钮后，即可打开农网 A 类日合格率统计窗口，如图 2－11 所示。由图可以直观看出农网 A 类当月（11 月）每日电压合格率完成情况，包含合格率、实测率、实测点数、越限时间统计及监测总时间。

农网日合格率详细信息窗口下部分主要展示农网所有监测点的日统计数据，除监测点名称、所属单位、监测点类别、电压等级必备台账外，含有 12 项统计数据，分别为合格率、超上限率、超下限率、监测总时间、超上限时间、超下限时间、合格时间、最大值、最小值、平均值、最大值发生时间、最小值发生时间。所有监测点的日统计数据均可点击左上角“导出日报表”进行导出，导出方式可以选择可见属性列，也可选择是导出当前页还是导出所有页，如图 2-12 所示。

国网浙江省电力公司嘉兴供电公司农网A类日合格率

表格展示　图形展示

日期：2020-11

	日期	合格率(%)	实测率(%)	实测点数	超上限时间(分)	超下限时间(分)	监测总时间(分)
1	2020-10-25	99.998	100.000	209	0	5	300960
2	2020-10-26	100.000	100.000	209	0	0	300960
3	2020-10-27	99.987	100.000	209	30	10	300960
4	2020-10-28	99.993	100.000	209	20	0	300960
5	2020-10-29	100.000	100.000	209	0	0	300960
6	2020-10-30						
7	2020-10-31	100.000	100.000	209	0	0	300960
8	2020-11-01	99.998	100.000	209	0	5	300960
9	2020-11-02	99.998	100.000	209	5	0	300960
10	2020-11-03	99.988	100.000	209	30	5	300960
11	2020-11-04	100.000	100.000	209	0	0	300960
12	2020-11-05	100.000	100.000	209	0	0	300960
13	2020-11-06	99.997	100.000	209	0	10	300960
14	2020-11-07	99.998	100.000	209	0	5	300960
15	2020-11-08	99.967	100.000	209	100	0	300960
16	2020-11-09	100.000	100.000	209	0	0	300960
17	2020-11-10	99.965	100.000	209	100	5	300960
18	2020-11-11	99.939	100.000	209	185	0	300960
19	2020-11-12	99.995	100.000	209	0	15	300960
20	2020-11-13	99.987	100.000	209	40	0	300960
21	2020-11-14	99.998	100.000	209	0	5	300960
22	2020-11-15	100.000	100.000	209	0	0	300960
23	2020-11-16	99.972	100.000	209	75	10	300960
24	2020-11-17	99.997	100.000	209	10	0	300960

图 2-11　农网 A 类当月每日电压合格率完成情况

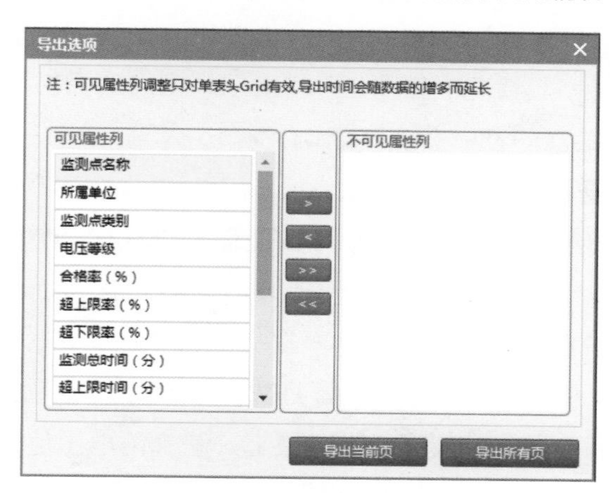

图 2-12　导出选项

如果想查询某一个监测点的电压值完成情况，可勾选该监测点，点击“电压值”和“日数据”进行查询，点击“电压值”查询的是该监测点指定日期的电压 5min 数据完成情况。如图 2－13 所示，查询的为监测点“10kV 锦江丽都 2 公变（末端）”在 2020 年 11 月 3 日的 5min 电压数据，可以直观地看出电压稳定在 225V 左右，若有越限情况，电压值会自动标红。

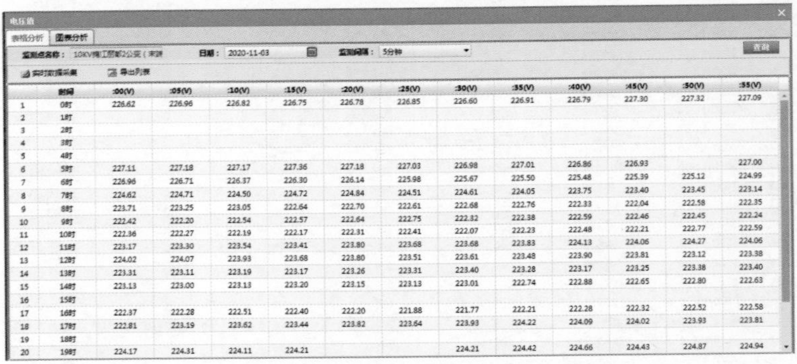

电压值

表格分析 图表分析

监测点名称：10KV锦江丽都2公变（末端 日期：2020-11-03 监测间隔：5分钟 查询

实时数据采集 导出列表

	时间	:00(V)	:05(V)	:10(V)	:15(V)	:20(V)	:25(V)	:30(V)	:35(V)	:40(V)	:45(V)	:50(V)	:55(V)
1	0时	226.62	226.96	226.82	226.75	226.78	226.85	226.60	226.91	226.79	227.30	227.32	227.09
2	1时												
3	2时												
4	3时												
5	4时												
6	5时	227.11	227.18	227.17	227.36	227.18	227.03	226.98	227.01	226.86	226.93		227.00
7	6时	226.96	226.71	226.37	226.30	226.14	225.98	225.67	225.50	225.48	225.39	225.12	224.99
8	7时	224.62	224.71	224.50	224.72	224.84	224.51	224.61	224.05	223.75	223.40	223.45	223.14
9	8时	223.71	223.25	223.05	222.64	222.70	222.61	222.68	222.76	222.33	222.04	222.58	222.35
10	9时	222.42	222.20	222.54	222.57	222.64	222.75	222.32	222.38	222.59	222.46	222.45	222.24
11	10时	222.36	222.27	222.19	222.17	222.31	222.41	222.07	222.23	222.48	222.21	222.77	222.59
12	11时	223.17	223.30	223.54	223.41	223.80	223.68	223.68	223.83	224.13	224.06	224.27	224.06
13	12时	224.02	224.07	223.93	223.68	223.80	223.51	223.61	223.48	223.90	223.81	223.12	223.38
14	13时	223.31	223.11	223.19	223.17	223.26	223.31	223.40	223.28	223.17	223.25	223.38	223.40
15	14时	223.13	223.00	223.13	223.20	223.15	223.13	223.01	222.74	222.88	222.65	222.80	222.63
16	15时												
17	16时	222.37	222.28	222.51	222.40	222.20	221.88	221.77	222.21	222.28	222.32	222.52	222.58
18	17时	222.81	223.19	223.62	223.44	223.82	223.64	223.93	224.22	224.09	224.02	223.93	223.81
19	18时												
20	19时	224.17	224.31	224.11	224.21			224.21	224.42	224.66	224.43	224.87	224.94

图 2－13　电压值数据完成情况

点击“日数据”按钮，可以查询该监测点当月或指定月每日电压合格率完成情况，如图 2－14 所示，本次选择的监测点仍然为“10kV 锦江丽都 2 公变（末端）”。

2. 数据补采

数据补采主要针对城、农网 D 类监测点数据，D 类监测点数据来源为电压监测仪，由于电压监测仪上传电压值、日数据、月数据时存在 SIM 卡损坏、网络异常、电压监测仪断电等问题，会导致无法上传电压值、日数据、月数据，导致国网供电电压系统电压值、日数据、月数据缺失。综上，缺失的电压值、日数据、月数据需要人工补采。

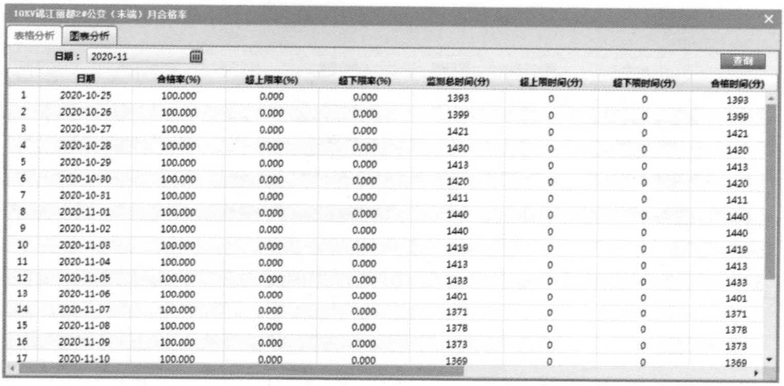

10KV锦江丽都2#公变（末端）月合格率

表格分析　图表分析

日期：2020-11　查询

	日期	合格率(%)	超上限率(%)	超下限率(%)	监测总时间(分)	超上限时间(分)	超下限时间(分)	合格时间(分)
1	2020-10-25	100.000	0.000	0.000	1393	0	0	1393
2	2020-10-26	100.000	0.000	0.000	1399	0	0	1399
3	2020-10-27	100.000	0.000	0.000	1421	0	0	1421
4	2020-10-28	100.000	0.000	0.000	1430	0	0	1430
5	2020-10-29	100.000	0.000	0.000	1413	0	0	1413
6	2020-10-30	100.000	0.000	0.000	1420	0	0	1420
7	2020-10-31	100.000	0.000	0.000	1411	0	0	1411
8	2020-11-01	100.000	0.000	0.000	1440	0	0	1440
9	2020-11-02	100.000	0.000	0.000	1440	0	0	1440
10	2020-11-03	100.000	0.000	0.000	1419	0	0	1419
11	2020-11-04	100.000	0.000	0.000	1413	0	0	1413
12	2020-11-05	100.000	0.000	0.000	1433	0	0	1433
13	2020-11-06	100.000	0.000	0.000	1401	0	0	1401
14	2020-11-07	100.000	0.000	0.000	1371	0	0	1371
15	2020-11-08	100.000	0.000	0.000	1378	0	0	1378
16	2020-11-09	100.000	0.000	0.000	1373	0	0	1373
17	2020-11-10	100.000	0.000	0.000	1369	0	0	1369

图 2－14　监测点指定月日数据完成情况

数据补采界面如图 2－15 所示，标签页有三个，分别为数据完整性查询、数据补采、补采任务查询。

数据完整性查询　数据补采　补采任务查询

城网/农网：城网

补采　上月　本月　　选择月份-本月:2020-11(时间范围:2020-10-25至2020-11-17)

单位名称	日合格率缺失数据	月合格率缺失数据	电压值缺失数量
总计	8	-	441

图 2－15　数据补采界面

数据补采功能在数据完整性查询、数据补采标签页中均可实现，区别是数据补采标签页可对单个监测点进行数据补采，具有较强针对性。

数据完整性查询可以直观看出城网和农网日合格率缺失数据、月合格率缺失数据、电压值缺失数量，其中电压值缺失数量不作考核，日合格率缺失数据不能连续 3 天及以上缺失，月合格率理论上不能缺失。点击“日合格率缺失数据”下方的数字，即可对缺失日合格率监测点进行数据补采，如图 2－16 所示。勾选在线状态为“在线”的监测点，点击“补采”按钮即可补采，在线状态为“离线”的监测点无法补采成功。

数据缺失监测点列表

导出　补采

		运维单位	监测点类别	电压等级	监测点名称	在线状态	最后通讯时间	缺失数据时间
1	☑	国网浙江省电力公司...	D类	220V	中兴公寓箱变（末）	在线	2020-11-18 21:46	2020-11-1(
2	☑	国网浙江省电力公司...	D类	220V	府苑二期7#箱变（首）	在线	2020-11-18 22:09	2020-11-1(
3	☑	国网浙江省电力公司...	D类	220V	烟雨三期4#箱变（末）	在线	2020-11-18 22:06	2020-11-1(
4	☑	国网浙江省电力公司...	D类	220V	求珠苑4#箱变（首）	在线	2020-11-18 22:04	2020-11-1:
5	☑	国网浙江省电力公司...	D类	220V	晴湾A环1#箱变(首）	在线	2020-11-18 22:00	2020-11-1:
6	☐	国网浙江省电力公司...	D类	220V	文贤小区A环3#(末端）	离线	2020-11-17 07:41	2020-11-0(
7	☐	国网浙江省电力公司...	D类	220V	文贤小区A环3#(末端）	离线	2020-11-17 07:41	2020-11-1(
8	☐	国网浙江省电力公司...	D类	220V	文贤小区A环3#(末端）	离线	2020-11-17 07:41	2020-11-1?

20 ▾　1/1　当前总记录 8 条，每页显示 20 条。

图 2–16　数据缺失监测点列表

补采任务下发后，可在补采任务查询标签页内进行查询，如图 2–17 所示。任务状态有补采中、部分成功、补采成功及补采失败四种。如果是部分成功或补采失败，可再次尝试进行补采，直到成功为止。以上为第一种数据补采方式。

数据完整性查询　数据补采　补采任务查询

城网/农网：城网　补采类型：全部　任务下达时间：2020-11-01　至：2020-11-18　任务状态：全部

重试　补采任务详细

	所属单位	补采数据类型	任务下达时间	任务下达人	最后尝试时间	补采开始时间	任务状态
☐	国网浙江省电力公司...	日缺失数据	2020-11-18 22:06:31	赵振敏	2020-11-18 22:06:54		补采中
☐	国网浙江省电力公司...	日缺失数据	2020-11-18 21:59:57		2020-11-18 22:06:54		补采中

图 2–17　补采任务查询

第二种数据补采方式：勾选整个补采单位，点击补采按钮，如图 2–18 所示。

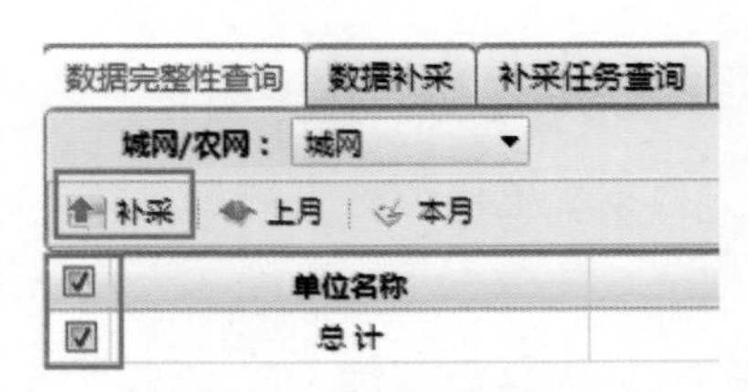

图 2–18　数据补采按钮

点击补采按钮后即可弹出按单位补采数据对话框，可自行选择补采类型，补采类型有日缺失数据、月缺失数据及电压值数据三种，如图 2－19 所示。

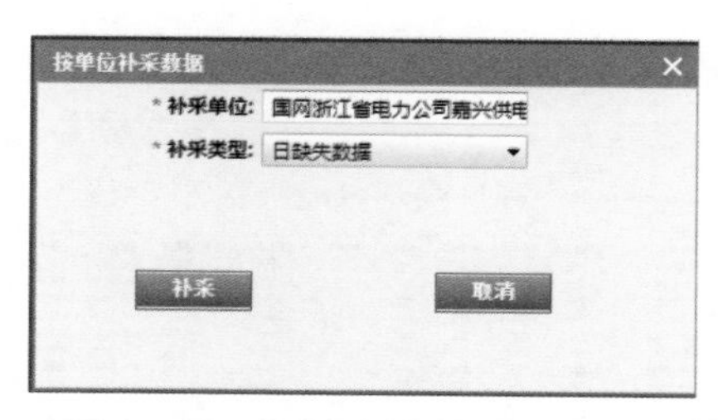

图 2－19　按单位补采数据对话框

第三种数据补采主要针对某一个监测点数据缺失。补采步骤为在监测点名称框中输入数据缺失的监测点，点击查询，勾选该监测点，点击补采即可，如图 2－20 所示。补采类型也分为日缺失数据、月缺失数据及电压值数据三种，可以补采本月或上月，时间范围可任选，也可仅补招缺失数据。需要注意的是，离线监测点是无法查到的。

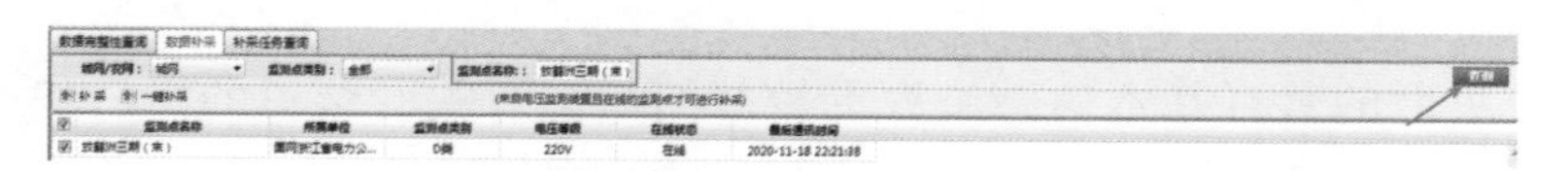

图 2－20　单个监测点数据缺失补采步骤

三、监测点管理

监测点管理包含 14 个功能，较为常用的有监测点台账、变更管理—申请、变更管理—审核、装置管理 D 类、查询统计—监测点、设置管理。其余子功能不常用或者权限不够无法使用，故不作介绍。

1. 监测点台账

进入监测点台账主页面，如图 2－21 所示。监测点主页面包含的功能有查看详细、新建、删除、修改、变更单位、变更装置等，其中可以操作的功能有查看详细、新建、参数召回、设置地区特征。

监测点台帐　监测统计—监测点

城网/农网：城网　运行状态：在运　地区特征：全部　监测点名称：——请输入——　监测点类别：全部　数据来源：全部　查询

查看详细　新建　删除　修改　变更单位　变更装置　导出报表　参数召回　设置地区特征　下载导入模板　导入

所属地市	运维单位	监测点名称	监测点类别	电压等级	运行状态	地区特征	审核状态	电压上限值(V)	电压下限值(V)	投运日期	数据来源	装置类别	安装地点	装置厂家
国网浙江省电力公...	国网浙江省电力公...	阳光西区10#箱变末端	D类	220V	在运	市区		235.40	198.00	2016-05-01	装置自动采集	电压监测装置	海盐县...	南京...
国网浙江省电力公...	国网浙江省电力公...	阳光西区10#箱变首端	D类	220V	在运	市区		235.40	198.00	2016-05-01	装置自动采集	电压监测装置		南京...
国网浙江省电力公...	国网浙江省电力公...	殷家桥公变末端	D类	220V	在运	市区		235.40	198.00	2013-08-20	装置自动采集	电压监测装置		南京...
国网浙江省电力公...	国网浙江省电力公...	殷家桥公变首端	D类	220V	在运	市区		235.40	198.00	2013-08-20	装置自动采集	电压监测装置		南京...
国网浙江省电力公...	国网浙江省电力公...	[illegible]公变末端	D类	220V	在运	市区		235.40	198.00	2013-08-20	装置自动采集	电压监测装置		南京...
国网浙江省电力公...	国网浙江省电力公...	[illegible]公变首端	D类	220V	在运	市区		235.40	198.00	2013-08-20	装置自动采集	电压监测装置		南京...
国网浙江省电力公...	国网浙江省电力公...	紫溪花园7#箱变末端	D类	220V	在运	市区		235.40	198.00	2016-05-01	装置自动采集	电压监测装置		南京...
国网浙江省电力公...	国网浙江省电力公...	紫溪花园7#箱变首端	D类	220V	在运	市区		235.40	198.00	2016-05-01	装置自动采集	电压监测装置		南京...
国网浙江省电力公...	国网浙江省电力公...	罗马一期C环1#公变(首端)	D类	220V	在运	市中心		235.40	198.00	2014-12-01	装置自动采集	电压监测装置		南京...
国网浙江省电力公...	国网浙江省电力公...	文鼎小区A环3#(末端)	D类	220V	在运	市中心		235.40	198.00	2014-12-01	装置自动采集	电压监测装置		南京...
国网浙江省电力公...	国网浙江省电力公...	中南公寓C环35#箱变(首端)	D类	220V	在运	市中心		235.40	198.00	2014-12-01	装置自动采集	电压监测装置		南京...
国网浙江省电力公...	国网浙江省电力公...	中南公寓C环35#箱变(末端)	D类	220V	在运	市中心		235.40	198.00	2014-12-01	装置自动采集	电压监测装置		南京...
国网浙江省电力公...	国网浙江省电力公...	元一[illegible]2#配变站1#箱变(首端...	D类	220V	在运	市中心		235.40	198.00	2014-12-01	装置自动采集	电压监测装置		南京...
国网浙江省电力公...	国网浙江省电力公...	元一[illegible]2#配变站1#箱变(末端...	D类	220V	在运	市中心		235.40	198.00	2014-12-01	装置自动采集	电压监测装置		南京...
国网浙江省电力公...	国网浙江省电力公...	[illegible]配电房(末端)	D类	220V	在运	市中心		235.40	198.00	2014-12-01	装置自动采集	电压监测装置		南京...
国网浙江省电力公...	国网浙江省电力公...	秀水人家A环2号箱变(首端)	D类	220V	在运	市中心		235.40	198.00	2014-12-01	装置自动采集	电压监测装置		南京...
国网浙江省电力公...	国网浙江省电力公...	秀水人家A环2号箱变(末端)	D类	220V	在运	市中心		235.40	198.00	2014-12-01	装置自动采集	电压监测装置		南京...
国网浙江省电力公...	国网浙江省电力公...	丁家桥1#配变(首端)	D类	220V	在运	市中心		235.40	198.00	2014-12-01	装置自动采集	电压监测装置		南京...
国网浙江省电力公...	国网浙江省电力公...	[illegible]变-10kVII段母线	A类	10kV	在运	市区		10700.00	10000.00	2014-12-19	调度自动化系统	调度自动化系统		
国网浙江省电力公...	国网浙江省电力公...	[illegible]变-10kVII段母线	A类	10kV	在运	市中心		10700.00	10000.00	2014-12-19	调度自动化系统	调度自动化系统		

图 2-21　监测点台账主页面

（1）查看详细功能。使用查看详细功能需要勾选需要查看的某一条监测点，且只能选择一个，不能多选。也可在监测点名称文本框中输入想要查询的监测点，点击“查询”按钮即可。查询结果如图 2－22 所示，如图可看到监测点的基本信息以及与监测点关联的装置基本信息，查询较多的信息有关联装置的出厂编码，用于现场异常监测点的核对、处理等。图 2－22 的监测点基本信息中，关联电网设备、安装地点为空，需要进行补录。

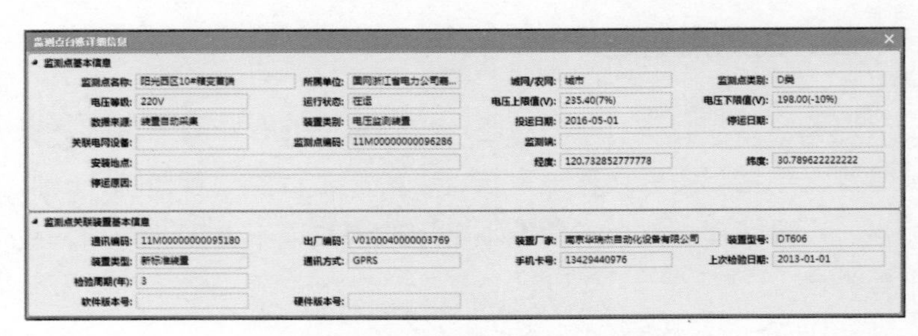
监测点台账详细信息

监测点基本信息

监测点名称:	阳光西区10#箱变首端	所属单位:	国网浙江省电力公司嘉...	城网/农网:	城市	监测点类别:	D类
电压等级:	220V	运行状态:	在运	电压上限值(V):	235.40(7%)	电压下限值(V):	198.00(-10%)
数据来源:	装置自动采集	装置类别:	电压监测装置	投运日期:	2016-05-01	停运日期:	
关联电网设备:		监测点编码:	11M00000000096286	监测块:			
安装地点:				经度:	120.732852777778	纬度:	30.789622222222
停运原因:							

监测点关联装置基本信息

通讯编码:	11M00000000095180	出厂编码:	V010004000003769	装置厂家:	南京[illegible]自动化设备有限公司	装置型号:	DT606
装置类型:	新标准装置	通讯方式:	GPRS	手机卡号:	13429440976	上次检验日期:	2013-01-01
检验周期(年):	3						
软件版本号:		硬件版本号:					

图 2－22　监测点台账信息

补录监测点台账信息，选中该监测点，点击“修改”按钮，弹出修改监测点界面，如图 2－23 所示。选择监测点名称对应的关联电网设备，填入正确的安装地点及经纬度，点击确定即可。最终修改成功后的效果如图 2－24 所示。

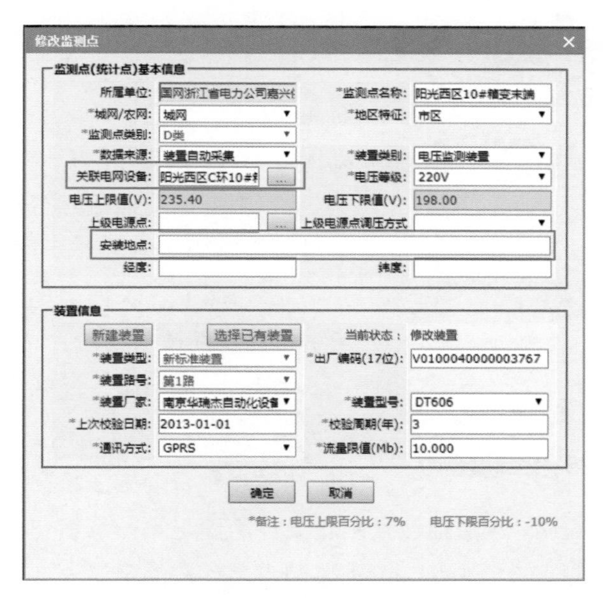

图 2－23　修改监测点

监测点台账详细信息
监测点基本信息
监测点名称: 阳光西区10#精安末端　所属单位: 国网浙江省电力公司嘉...　城网/农网: 城市　监测点类别: D类
电压等级: 220V　运行状态: 在运　电压上限值(V): 235.40(7%)　电压下限值(V): 198.00(-10%)
数据来源: 装置自动采集　装置类别: 电压监测装置　投运日期: 2016-05-01　停运日期:
关联电网设备: 阳光西区C环10#精安　监测点编码: 11M00000000096284　监测点:
安装地点: 秀洲区同心路26号　经度: 120.75159　纬度: 30.776378
停运原因:
监测点关联装置基本信息
通讯编码: 11M00000000095179　出厂编码: V0100040000003767　装置厂家: 南京华瑞杰自动化设备有限公司　装置型号: DT606
装置类型: 新标准装置　通讯方式: GPRS　手机卡号: 13429442344　上次检验日期: 2013-01-01
检验周期(年): 3
软件版本号:　硬件版本号:

图 2－24　修改台账信息

说明：若想查找某一监测点经纬度，则需要在安卓手机端搜索“经纬度查询”App 并下载安装，输入监测点地址，如“阳光

图 2-25　经纬度查询

小区”，即可查到，如图 2-25 所示。

（2）新建功能。新建功能是国网供电电压系统较为重要的功能之一，用于新建 ABCD 类监测点，每新建一个监测点，均需要新建装置台账和监测点台账。新建一个监测点的基本流程如下。

1）梳理新增监测点台账信息，填写新增监测点申请表。下面将分别介绍 A、B、C、D 四类电压监测点新增申请表的填写方法。

如表 2-1 所示，经纬度查询方法可参考本节（三）1.（1）中的说明，地区点号查询方法将在本章第三节中详细说明，A 类监测点新增条件需满足第一章第三节中的供电电压监测点设置原则，A 类监测点名称需满足第一章第三节中的供电电压台账命名规范。

表 2-1　　　　　A 类监测点新增申请表

【××月××日】嘉兴 A 类监测点新增申请表									
序号	单位名称	测点名称	测点所属	测点分类	电压等级	变电站名称	地区点号	经度	纬度
1									
2									

新增 B、C 类监测点分为营销点和虚拟点两种情况。营销点包含营销户号和终端逻辑地址；虚拟点真实存在，也包含营销户

号和终端逻辑地址，但营销系统中无电压值采集，所以选用该营销点的上级母线作为电压监测点，虚拟点需要填写量测点号，同新增A类监测点的地区点号。虚拟点的量测点号查询方法见本节三、1.（2）中的说明。

B、C 类监测点台账的查询方法见第二章第三节中用电电压采集系统的使用。B、C 类监测点名称需满足第一章第三节中的供电电压台账命名规范，表2-2为B、C类监测点新增申请表。

表2-2　　B、C类监测点新增申请表

【××月××日】嘉兴BC类电压监测点新增申请表															
序号	单位	测点类型	测点所属	电压等级	测点名称	终端逻辑地址	是否统计点	营销户号	经度	纬度	所属变电站	上级线路	测点位置	量测点号	营销点/虚拟点

D 类监测点新增时应注意测点名称需符合第一章第三节中的供电电压台账命名规范的要求，安装位置为装置实际安装位置，并现场使用经纬度软件或其他可查经纬度的工具来记录经纬度。表2-3为D类监测点新增申请表。

表2-3　　D类监测点新增申请表

【××月××日】嘉兴D类监测点新增申请表											
序号	单位	测点名称	测点所属	测点分类	电压等级	经度	纬度	装置出厂编码	装置厂家	SIM卡号	安装位置

2）国网供电电压系统中新增监测点。具体步骤为：依次点击监测点管理→监测点台账→新建，弹出新建监测点（统计）窗

口，如图 2–26 所示。*号为必填项，按照 A 类监测点申请表如实填写监测点名称、安装地点、经度、纬度，如实选择城网/农网、地区特征、监测点类别、数据来源、装置类别、电压等级。填好新建监测点信息后，点击“确定”按钮，则该条监测点新建完毕。如若有 2 条及以上新增监测点，可点击“继续添加”按钮，即可继续新增 A 类监测点。

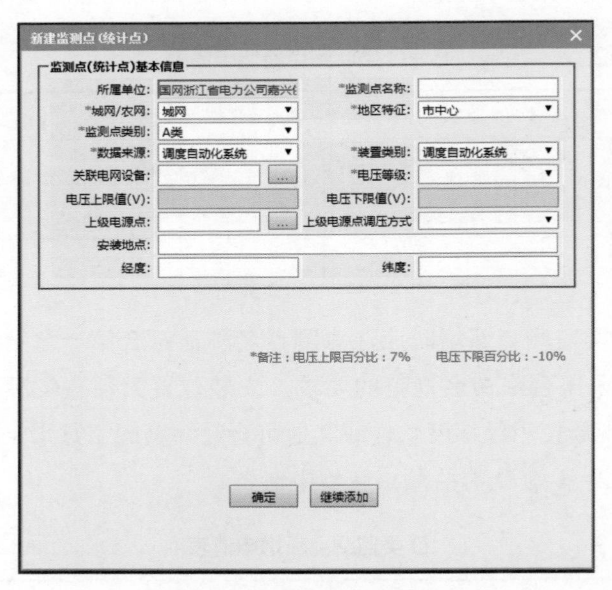

图 2–26　新建 A 类监测点

图 2–27 为新建 B 类监测点窗口，按照 B、C 类监测点申请表如实填写监测点名称、安装地点、经度、纬度，如实选择城网/农网、地区特征、监测点类别、监测端、数据来源、装置类别、电压等级。填选好新建监测点信息后，点击“确定”按钮，则该条监测点新建完毕。如若有 2 条及以上新增监测点，可点击“继

续添加”按钮，即可继续新增 B 类监测点。其中，若 B 类监测点为营销点，监测端选择用户端；若 B 类监测点为虚拟点，监测端选择系统端。

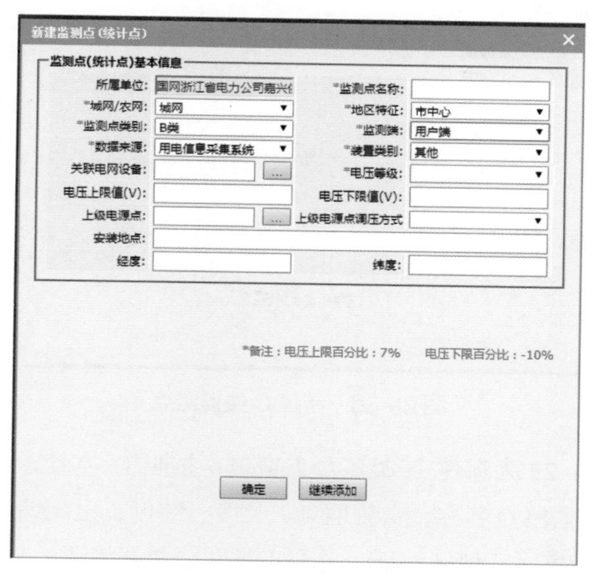

图 2–27　新建 B 类监测点

图 2–28 为新建 C 类监测点窗口，按照 B、C 类监测点申请表如实填写监测点名称、安装地点、经度、纬度，如实选择城网/农网、地区特征、监测点类别、数据来源、装置类别、电压等级。填选好新建监测点信息后，点击“确定”按钮，则该条监测点新建完毕。如若有 2 条及以上新增监测点，可点击“继续添加”按钮，即可继续新增 C 类监测点。与新建 B 类监测点不同的是，新建 C 类监测点不用选择监测端，所以 C 类监测点没有虚拟点，全部为营销点。

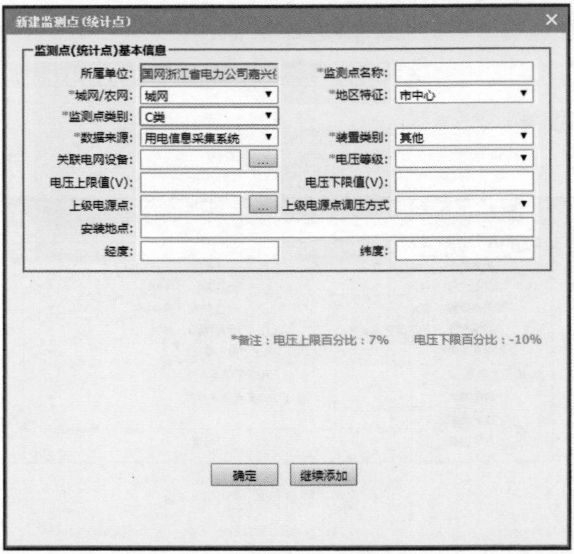

新建监测点(统计点)

监测点(统计点)基本信息

所属单位: 国网浙江省电力公司嘉兴供
*监测点名称:
*城网/农网: 城网
*地区特征: 市中心
*监测点类别: C类
*数据来源: 用电信息采集系统
*装置类别: 其他
关联电网设备: ...
*电压等级:
电压上限值(V):
电压下限值(V):
上级电源点: ...
上级电源点调压方式
安装地点:
经度:
纬度:

*备注：电压上限百分比：7%　　电压下限百分比：-10%

确定　继续添加

图 2-28　新建 C 类监测点

图 2-29 为新建 D 类监测点窗口，按照 D 类监测点申请表如实填写监测点名称、安装地点、经度、纬度、出厂编码，如实选择城网/农网、地区特征、监测点类别、数据来源、装置类别、电压等级、装置厂家、装置型号、上次校验日期。填选好新建监测点信息后，点击“确定”按钮，则该条监测点新建完毕。如若有 2 条及以上新增监测点，可点击“继续添加”按钮，即可继续新增 D 类监测点。D 类监测点装置类别只能选择电压监测装置，通信方式、校验周期、流量限制默认即可，无需修改。

3）国网供电电压系统中投运监测点。完成第二步新建测点后，下一步则是在国网供电电压系统中投运该监测点。投运测点步骤：依次点击监测点管理→变更管理—申请，如图 2-30 所示。

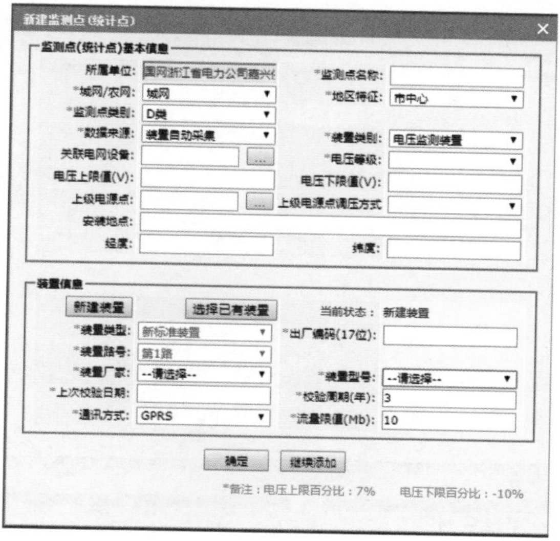

新建监测点(统计点)

监测点(统计点)基本信息

所属单位：国网浙江省电力公司嘉兴
*监测点名称：
*城网/农网：城网
*地区特征：市中心
*监测点类别：D类
*数据来源：装置自动采集
*装置类别：电压监测装置
关联电网设备：
*电压等级：
电压上限值(V)：
电压下限值(V)：
上级电源点：
上级电源点调压方式
安装地点：
经度：
纬度：

装置信息

新建装置　选择已有装置　当前状态：新建装置
*装置类型：新标准装置
*出厂编码(17位)：
*装置路号：第1路
*装置厂家：--请选择--
*装置型号：--请选择--
*上次校验日期：
*校验周期(年)：3
*通讯方式：GPRS
*流量限值(Mb)：10

确定　继续添加

*备注：电压上限百分比：7%　电压下限百分比：-10%

图 2-29　新建 D 类监测点

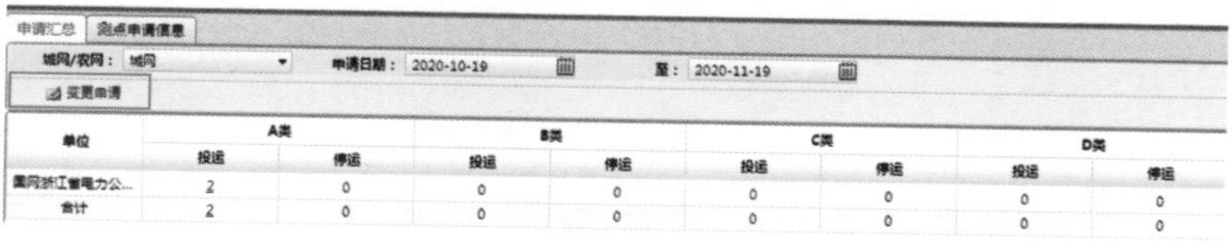

申请汇总　测点申请信息

城网/农网：城网　申请日期：2020-10-19　至：2020-11-19

变更申请

单位	A类		B类		C类		D类	
	投运	停运	投运	停运	投运	停运	投运	停运
国网浙江省电力公...	2	0	0	0	0	0	0	0
合计	2	0	0	0	0	0	0	0

图 2-30　变更管理—申请

点击图 2-30 红框处的变更申请，弹出监测点变更申请窗口，如图 2-31 所示。

点击图 2-31 监测点变更申请窗口左上角的“添加投运测点”按钮，打开待选择投运监测点窗口，如图 2-32 所示。由图 2-32 可见待选择监测点的监测点（统计点）运行状态均为停运，实际在第二步新增过监测点后，左侧待选择监测点的监测点（统计点）下方会出现新增的所有监测点，且测点运行状态会变成“未投运”。此时，将所有新增的未投运监测点添加到右侧已选择的监测点窗口，点击“确定”按钮即可，如图 2-33 所示。

监测点变更申请

本次申请投运监测点0个、申请停运监测点0个、共计0个.

发起申请

添加投运测点 | 清空 | 删除

所属单位	监测点名称	地区特征	监测点类别	电压等级	城网/农网	数据来源	装置类别

20 /1

当前总记录 0 条，每页显示 20 条。

添加停运测点 | 清空 | 删除 | 填写停运原因

所属单位	监测点名称	地区特征	监测点类别	电压等级	城网/农网	数据来源	装置类别	停运原因

20 /1

当前总记录 0 条，每页显示 20 条。

图 2-31　监测点变更申请

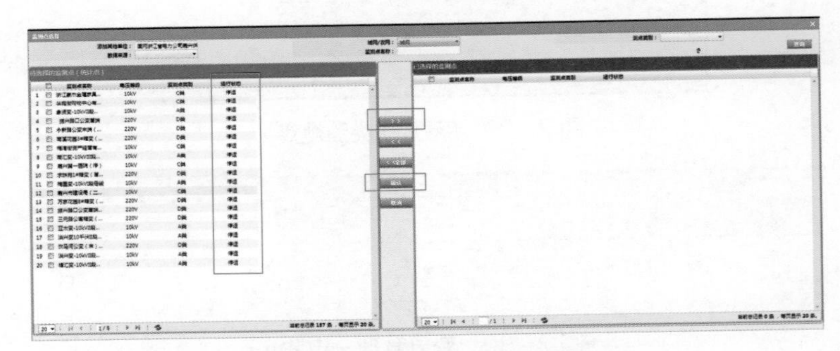

图 2-32　投运监测点选择窗口

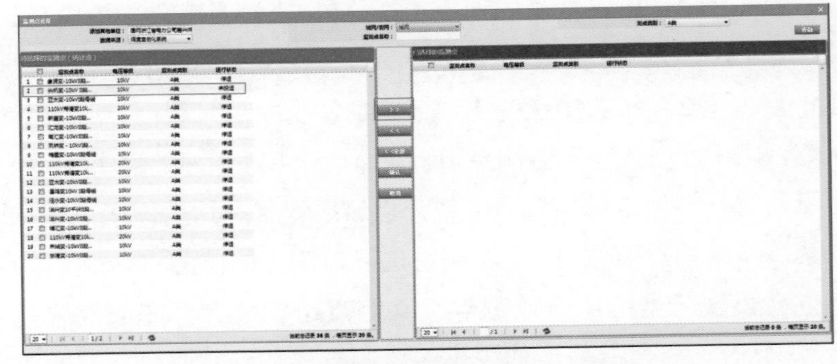

图 2-33　投运监测点选择窗口（对比图 2-32）

在投运监测点选择窗口，将所有未投运新增监测点添加到右侧已选择的监测点窗口后，点击“确定”按钮，将回到监测点变更申请窗口，如图 2-34 所示。勾选需要添加的未投运新增监测点，点击上方“发起申请”按钮，则会提示监测点申请投运成功，如图 2-35 所示。

监测点变更申请

本次申请投运监测点2个、申请停运监测点0个、共计2个.　发起申请

添加投运测点　清空　删除

所属单位	监测点名称	地区特征	监测点类别	电压等级	城网/农网	数据来源	装置类别
国网浙江省电力公...	长帆变-10kV I段...	城镇	A类	10kV	城市	调度自动化系统	调度自动化系统
国网浙江省电力公...	长帆变-10kV II段...	城镇	A类	10kV	城市	调度自动化系统	调度自动化系统

20　1/1　当前总记录 2 条，每页显示 20 条。

添加停运测点　清空　删除　填写停运原因

所属单位	监测点名称	地区特征	监测点类别	电压等级	城网/农网	数据来源	装置类别	停运原因

20　/1　当前总记录 0 条，每页显示 20 条。

图 2-34　监测点变更申请

监测点变更申请

本次申请投运监测点2个、申请停运监测点0个、共计2个.　发起申请

添加投运测点　清空　删除

所属单位	监测点名称	地区特征	监测点类别	电压等级	城网/农网	数据来源	装置类别
国网浙江省电力公...	长帆变-10kV I段...	城镇	A类	10kV	城市	调度自动化系统	调度自动化系统
国网浙江省电力公...	长帆变-10kV II段...	城镇	A类	10kV	城市	调度自动化系统	调度自动化系统

20　1/1　当前总记录 2 条，每页显示 20 条。

监测点申请成功！

添加停运测点　清空　删除　填写停运原因

所属单位	监测点名称	地区特征	监测点类别	电压等级	城网/农网	数据来源	装置类别	停运原因

20　/1　当前总记录 0 条，每页显示 20 条。

图 2-35　监测点申请投运成功

最后，运维人员可以在监测点管理→变更管理—申请→测点申请信息中查看申请投运的监测点，如图 2－36 所示。运行状态为未投运，待省公司同意后，运行状态将变成已投运。

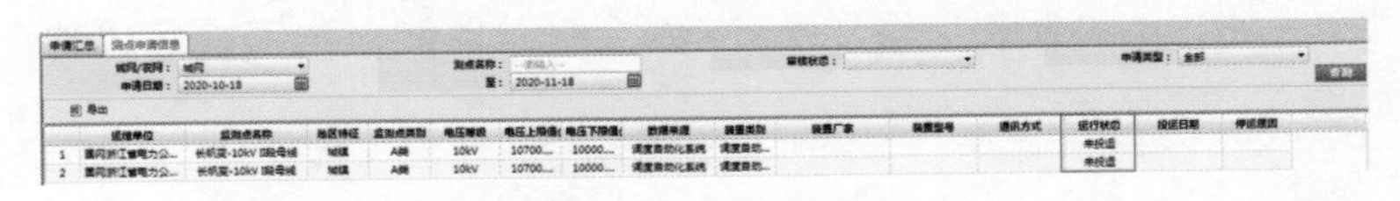

图 2－36　测点申请信息

4）　浙电电压管控系统新增监测点。浙电电压管控系统中新增监测点有新建装置和新建对应测点两个步骤。每一个测点均以终端逻辑地址为关联点。

① 新建装置。操作步骤：在浙电电压管控系统中，依次点击基本应用→档案管理→设备查询，点击“新增”按钮，打开设备管理新增窗口，如图 2－37 所示。图 2－37 是分中心南湖新增的地区点号为“230001700”的 A 类监测点，按实际需求填写制造厂家名称、设备型号、硬件版本、软件版本、出厂编号、供电所名称、装置类别、校验人，按实际情况选择校验日期、安装日期和投运日期，检查无误后，点击“新增设备”按钮即可。

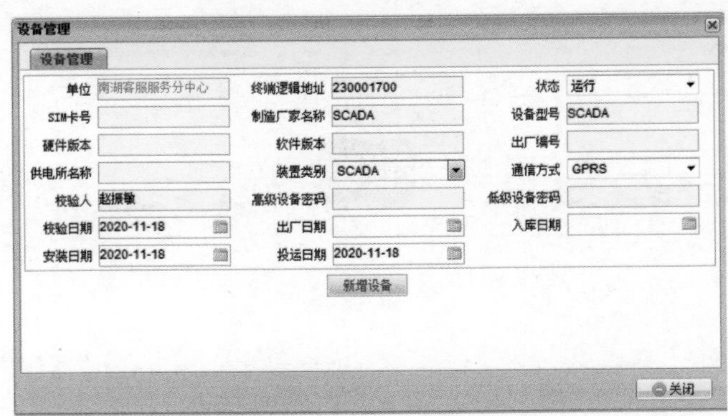

图 2－37　设备管理

设备管理新增信息填写无误后，点击“新增设备”按钮，会弹出添加成功对话框，此时该设备新建完成，如图 2－38 所示。

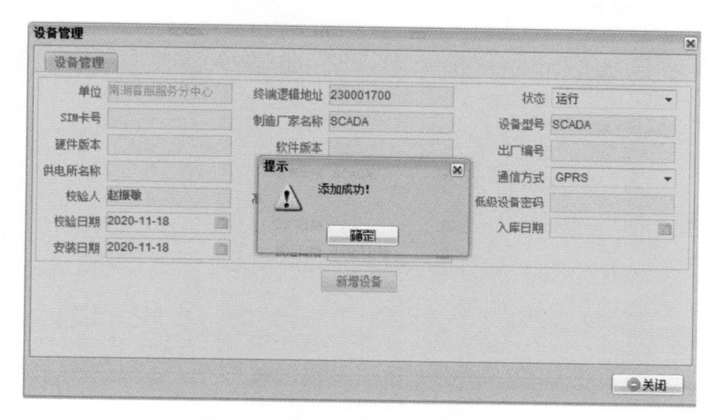

图 2－38　设备新增添加成功

② 新建对应测点。新增设备后，根据图 2－37 设备管理中的终端逻辑地址，关联新增监测点。依次点击基本应用→档案管理→测点查询，点击“新增”按钮，如图 2－39 所示。终端逻辑地址填写“230001700”，并按实际填写测点位置、经度、纬度、路号、说明，并按实际选择电压等级、测点所属、测点类型，最后在附件处上传 A 类监测点新增申请表，检查无误后，点击“新增测点”按钮，就完成了一个浙电电压管控系统 A 类监测点的新建。A 类监测点位置查询可参考 5）中的说明。

5） 浙电电压管控系统中审批该新增监测点。在浙电电压管控系统中新建装置并关联对应监测点后，下一步是审批该新增监测点，操作步骤为：依次点击基本应用→档案管理→测点变更审核。选择相应的申请日期，审核状态选择待审核，勾选需要申请新增的监测点，点击“批量通过”按钮，如图 2－40 所示。

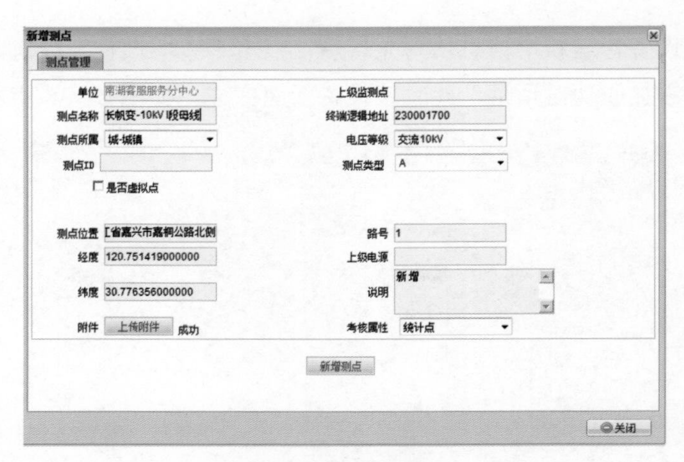

图 2-39　新增测点

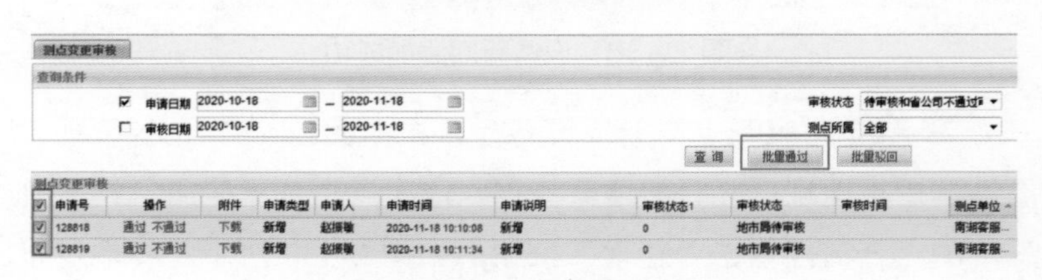

图 2-40　测点变更审核

在完成国网供电电压系统以及浙电电压管控系统监测点新增的所有流程及审批后，省公司审核并同意新增后，则新建一个监测点的流程就全部结束了。

说明：A 类测点位置的查询方法是：登录设备（资产）运维精益管理系统（PMS2.0），依次点击系统导航→电网资源中心→电网资源管理→设备台账管理→设备台账查询统计，如图 2-41 所示。

在设备（资产）运维精益管理系统（PMS2.0）左下角选择“站内一次设备”，如图 2-42 所示。

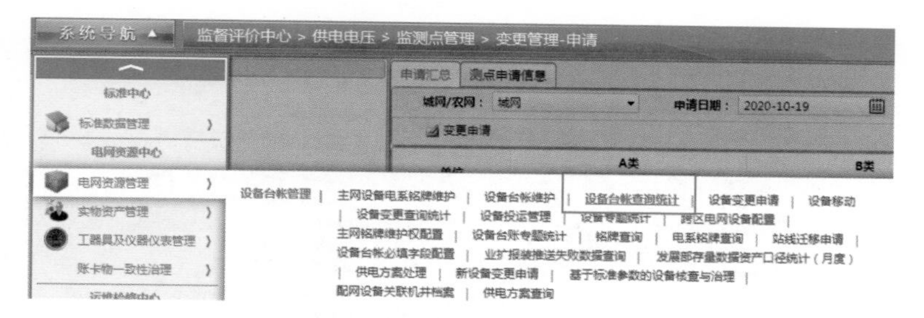

图 2–41　设备台账查询统计

站内一次设备	站内二次设备
线路设备	低压设备
生产辅助设备	阀冷却及调相机辅助
大馈线	设备全树

图 2–42　站内一次设备

打开设备台账查询统计功能后，在查询设备类型选择“变电站”，在变电站名称中填写需要查询的变电站名称，如长帆变，如图 2–43 所示，点击“查询”按钮。在下方查询结果中点击“长帆变”即可查看长帆变台账信息，如图 2–44 所示。

图 2–43　查询变电站

由图 2–44 可以直观地看出长帆变站址。知道长帆变站址后，使用经纬度 App 即可获取长帆变经纬度。

（3）参数召回功能。参数召回只可召回 APN、心跳间隔、软件版本号、硬件版本号和 SIM 卡串号，勾选需要召回的监测点即可。召回的参数在装置管理（D 类）→装置维护记录中查询，如图 2–45 所示。

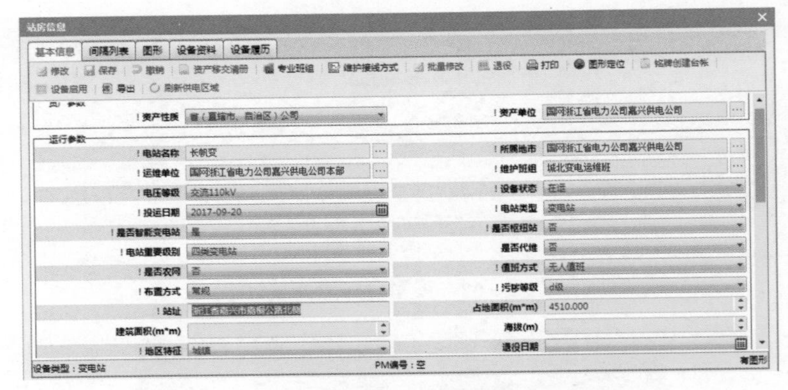

图 2–44　长帆变台账信息

电压 > 监测点管理 > 装置管理D类

装置工况信息 | 校验历史信息查询 | 装置远程维护 | 装置维护记录

维护类型：全部　安装开始日期：　安装结束日期：

详细信息

	维护时间	维护类型	维护状态	维护人	维护人所属单位
1	2020-11-19 20:36:53	参数召回	执行中	赵振敏	国网浙江省电力公...
2	2020-08-12 15:26:43	参数召回	执行失败	赵振敏	国网浙江省电力公...
3	2020-08-12 15:26:26	参数召回	执行失败	赵振敏	国网浙江省电力公...
4	2020-08-12 15:07:09	参数召回	执行失败	赵振敏	国网浙江省电力公...
5	2019-05-30 14:49:54	参数召回	执行失败	赵振敏	国网浙江省电力公...

图 2–45　装置维护记录

（4）设置地区特征功能。根据实际需求，可以修改监测点地区特征。城网地区特征有市中心、市区和城镇，如图 2–46 所示；农网地区特征有县城区、乡镇、农村和农牧区，如图 2–47 所示。

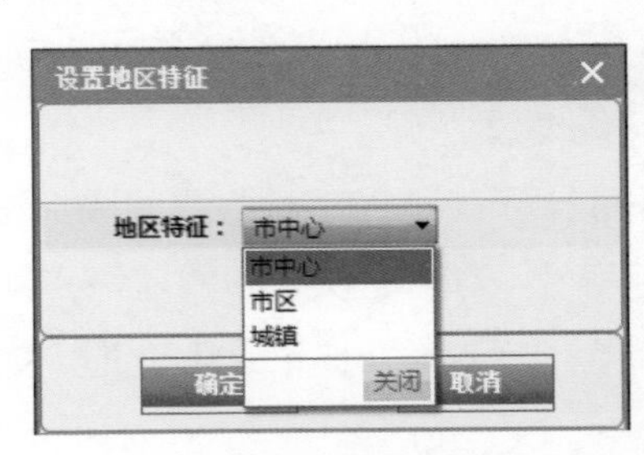

图 2–46　城网地区特征设置

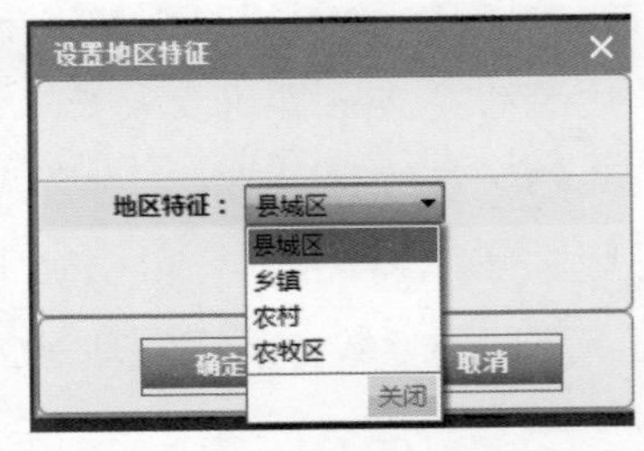

图 2–47　农网地区特征设置

2. 变更管理—申请

前面已经介绍了新增测点的流程，下面介绍停运测点方法。首先依次点击监测点管理→变更管理—申请→变更申请，打开监测点变更申请，如图 2－48 所示；点击“添加停运测点”按钮，打开监测点选择窗口，选择需要删除的在运监测点，添加到右侧，如图 4－49 所示；选择需要删除的在运监测点后，点击“确定”按钮回到图 2－48 所示监测点变更申请窗口，填写停运监测点原因，如图 2－50 所示；最后点击监测点变更申请窗口的“发起申请”按钮，完成测点删除流程。

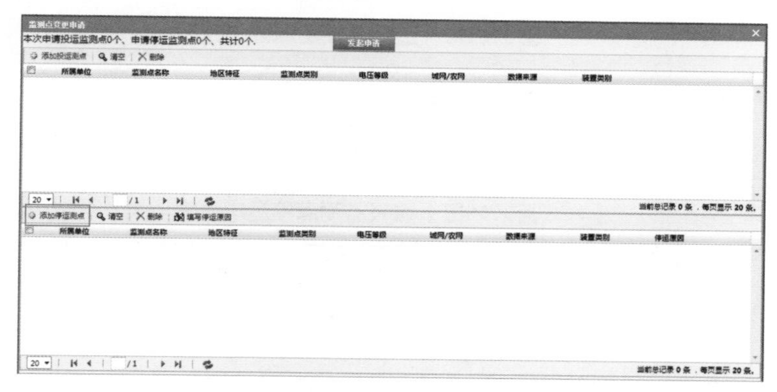

图 2－48　监测点变更申请窗口

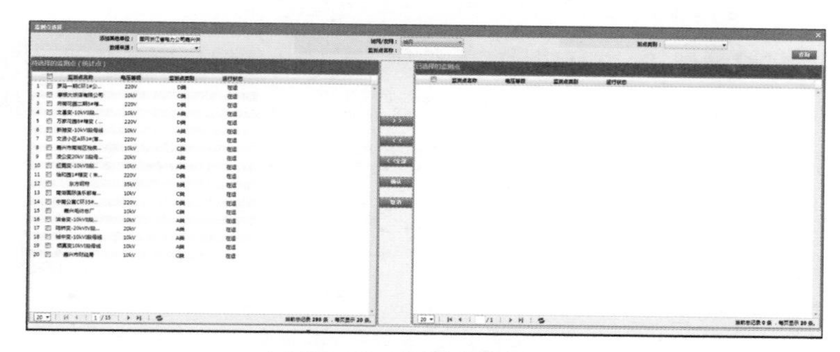

图 2－49　监测点选择窗口

图 2-50　监测点停运原因

以上为市局监测点删点流程，各分局、县局需要删点时，只需填写删点申请表，如表 2-4 所示。

表 2-4　　【××月××日】嘉兴监测点停运申请表

【××月××日】嘉兴监测点停运申请表						
序号	单位名称	测点名称	测点所属	测点分类	电压等级	停运原因

3. 装置管理 D 类

装置管理 D 类有装置工况信息、校验历史信息查询、装置远程维护和装置维护记录。从装置工况信息中可以直观看出城农网 D 类监测点装置总数、在线数量及装置离线数量，如图 2-51 所示。

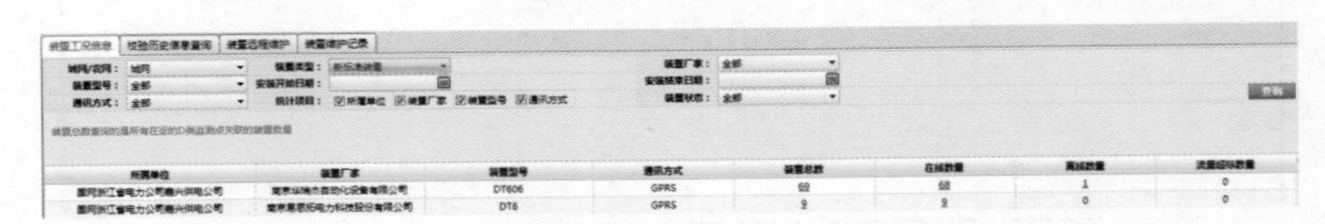

图 2-51　装置工况信息

校验历史信息查询主要查看的是城网和农网 D 类监测点上次校验日期、下次校验周期以及超期天数、校验人、校验人单位，如图 2－52 所示。

图 2－52　校验历史信息查询

点击“校验查询”按钮可查看该监测点校验日期、校验人、校验人单位、记录时间、记录人，如图 2－53 所示。

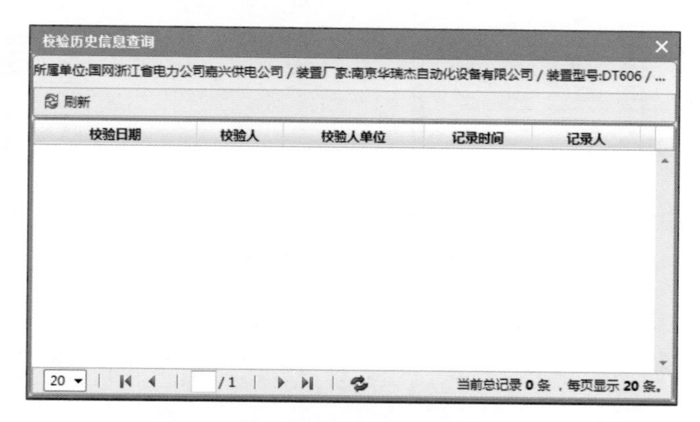

图 2－53　校验查询

如图 2－52 所示，点击“校验录入”按钮可输入上次校验日期、校验人、校验单位，如图 2－54 所示，装置信息显示“共选择 1 条装置信息”，说明装置校验录入可选择多条装置信息进行修改，节省大量时间。

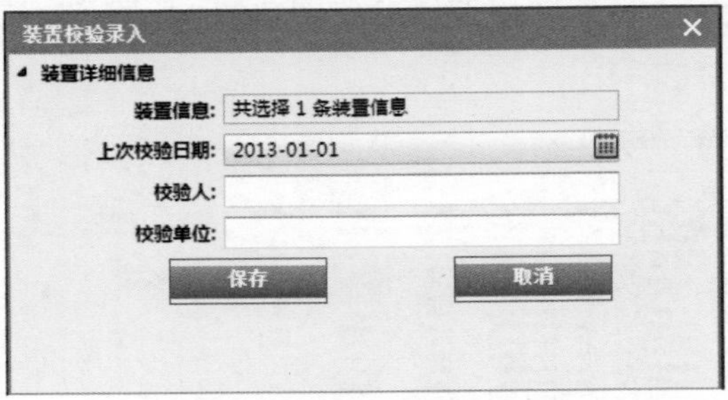

装置校验录入

装置详细信息

装置信息：共选择 1 条装置信息

上次校验日期：2013-01-01

校验人：

校验单位：

保存　取消

图2-54 校验录入

装置远程维护主要用于 D 类监测点下发参数、参数召回功能，装置远程维护界面如图 2-55 所示。

装置工况信息　校验历史信息查询　装置远程维护　装置维护记录

城网/农网：城网　装置厂家：全部　装置型号：全部　通讯方式：全部

在线状态：在线　出厂编码：　装置状态：全部　查询

参数设置　参数召回　导出

所属单位	出厂编码	装置地点	装置厂家	装置型号	装置运行状态	APN	主站IP地址	结算日	心跳间隔(分)	数据上传周期(时)	手机卡号	在线状态	
国网浙江省电力公...	V010004000000...	放鹤洲三期（来）	南京[illegible]...	DT606	在运		10.147.252.200	25			13967384495	在线	2
国网浙江省电力公...	V010004000000...	府南二期7#箱变（来）	南京[illegible]...	DT606	在运		10.147.252.203	25			13967385411	在线	2
国网浙江省电力公...	V010004000000...	府南二期7#箱变（[illegible]）	南京[illegible]...	DT606	在运		10.147.252.200	25			13967386824	在线	2
国网浙江省电力公...	V010004000000...	府南花园二期5#箱变（...	南京[illegible]...	DT606	在运		10.147.252.203	25			13967364767	在线	2
国网浙江省电力公...	V010004000000...	府南花园二期5#箱变（...	南京[illegible]...	DT606	在运		10.147.252.201	25			13967384826	在线	2
国网浙江省电力公...	V010004000000...	中兴公寓箱变（[illegible]）	南京[illegible]...	DT606	在运		10.147.252.200	25			13967387490	在线	2
国网浙江省电力公...	V010004000000...	牡丹坊箱变（来）	南京[illegible]...	DT606	在运		10.147.252.205	25			13967387491	在线	2
国网浙江省电力公...	V010004000000...	牡丹坊箱变（[illegible]）	南京[illegible]...	DT606	在运		10.147.252.205	25			13967385104	在线	2
国网浙江省电力公...	V010004000000...	南溪花园3#箱变（来）	南京[illegible]...	DT606	在运		10.147.252.201	25			13967385457	在线	2
国网浙江省电力公...	V010004000000...	南溪花园3#箱变（[illegible]）	南京[illegible]...	DT606	在运		10.147.252.201	25			13967385242	在线	2
国网浙江省电力公...	V010004000000...	南溪花园6#箱变（来）	南京[illegible]...	DT606	在运		10.147.252.201	25			13967384274	在线	2
国网浙江省电力公...	V010004000000...	南溪花园6#箱变（[illegible]）	南京[illegible]...	DT606	在运		10.147.252.205	25			13967386314	在线	2
国网浙江省电力公...	V010004000000...	求珠苑1#箱变（来）	南京[illegible]...	DT606	在运		10.147.252.203	25			13967369944	在线	2
国网浙江省电力公...	V010004000000...	求珠苑1#箱变（[illegible]）	南京[illegible]...	DT606	在运		10.147.252.201	25			13967384968	在线	2
国网浙江省电力公...	V010004000000...	求珠苑4#箱变（来）	南京[illegible]...	DT606	在运		10.137.248.250	25			13967387684	在线	2
国网浙江省电力公...	V010004000000...	求珠苑4#箱变（[illegible]）	南京[illegible]...	DT606	在运		10.147.252.201	25			13967384425	在线	2
国网浙江省电力公...	V010004000000...	万家花园1#箱变（来）	南京[illegible]...	DT606	在运		10.147.252.203	25			13967302145	在线	2
国网浙江省电力公...	V010004000000...	万家花园1#箱变（[illegible]）	南京[illegible]...	DT606	在运		10.147.252.203	25			13967385443	在线	2
国网浙江省电力公...	V010004000000...	万家花园13#箱变（来）	南京[illegible]...	DT606	在运		10.147.252.205	25			13967384577	在线	2
国网浙江省电力公...	V010004000000...	万家花园13#箱变（[illegible]）	南京[illegible]...	DT606	在运		10.147.252.205	25			13967304674	在线	2

图2-55 装置远程维护

如图 2-55 所示，在装置远程维护界面中勾选需要参数下发或者召回的监测点，点击“参数设置”按钮，即可下发参数。可供下发的参数有心跳间隔、装置复位、历史数据上送、日数据上送、月数据上送、停电/来电上送、越限告警上送、电压等级及上下限设置，如图 2-56 所示。

如图 2-55 所示，勾选需要参数召回的监测点，点击“参数召回”按钮，即可召回参数。可供召回的参数有 APN、心跳间隔、结算日、出厂编码、软件版本号、硬件版本号、装置时间、SIM 卡串号、数据上传周期、电压等级及上下限，如图 2-57 所示。

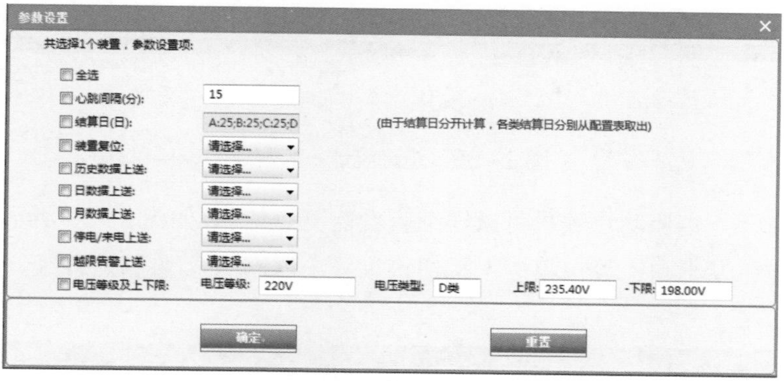

参数设置

共选择1个装置，参数设置项:

全选
心跳间隔(分): 15
结算日(日): A:25;B:25;C:25;D　(由于结算日分开计算，各类结算日分别从配置表取出)
装置复位: 请选择...
历史数据上送: 请选择...
日数据上送: 请选择...
月数据上送: 请选择...
停电/来电上送: 请选择...
越限告警上送: 请选择...
电压等级及上下限: 电压等级: 220V　电压类型: D类　上限: 235.40V　-下限: 198.00V

确定　重置

图 2-56　参数设置

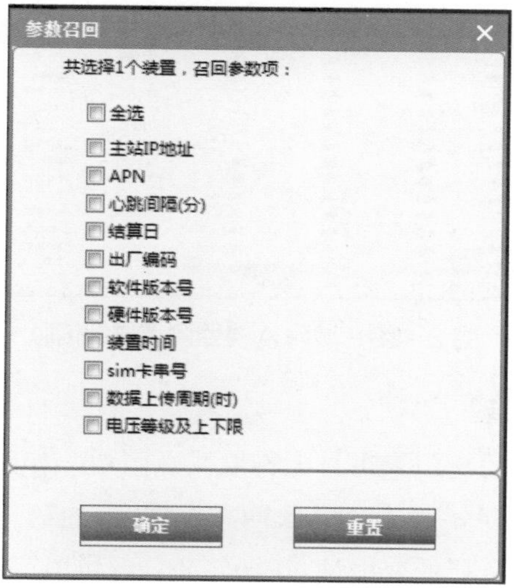

参数召回

共选择1个装置，召回参数项：

全选
主站IP地址
APN
心跳间隔(分)
结算日
出厂编码
软件版本号
硬件版本号
装置时间
sim卡串号
数据上传周期(时)
电压等级及上下限

确定　重置

图 2-57　参数召回

4. 查询统计—监测点

查询统计—监测点功能主要用于查找城/农网 A、B、C、D

四类监测点数量及总数，可以按照统计方式进行查询，如图 2－58 所示。

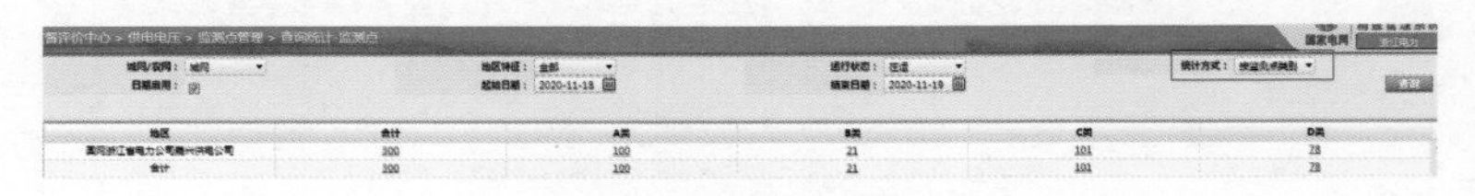

地区	合计	A类	B类	C类	D类
国网浙江省电力公司嘉兴供电公司	300	100	21	101	78
合计	300	100	21	101	78

图 2－58　查询统计—监测点

点击监测点数量可以详细查看监测点信息，如图 2－59 所示，点击左上角“导出报表”按钮可以导出城网 A 类监测点台账。

测点详细信息

电压等级：全部　监测点名称：　查询

导出报表

	运维单位	监测点名称	地区特征	监测点类别	电压等级	电压上限值(V)	电压下限值(V)	数据来源	装置类别
1	国网浙江省电力公...	淮西变-10kVII段...	市区	A类	10kV	10700.00	10000.00	调度自动化系统	调度自动化系
2	国网浙江省电力公...	八联变-10kVII段...	市中心区	A类	10kV	10700.00	10000.00	调度自动化系统	调度自动化系
3	国网浙江省电力公...	金鱼变-10kVII段...	市区	A类	10kV	10700.00	10000.00	调度自动化系统	调度自动化系
4	国网浙江省电力公...	王江泾-10kVII段...	城镇	A类	10kV	10700.00	10000.00	调度自动化系统	调度自动化系
5	国网浙江省电力公...	陆桥变-10kVII段...	市区	A类	10kV	10700.00	10000.00	调度自动化系统	调度自动化系
6	国网浙江省电力公...	陆桥变-10kVI段母...	市区	A类	10kV	10700.00	10000.00	调度自动化系统	调度自动化系
7	国网浙江省电力公...	梅里变-10kVII段...	市区	A类	10kV	10700.00	10000.00	调度自动化系统	调度自动化系
8	国网浙江省电力公...	南汇变-10kVII段...	城镇	A类	10kV	10700.00	10000.00	调度自动化系统	调度自动化系
9	国网浙江省电力公...	东方变-10kVII段...	城镇	A类	10kV	10700.00	10000.00	调度自动化系统	调度自动化系
10	国网浙江省电力公...	江南变-10kVI段母...	市区	A类	10kV	10700.00	10000.00	调度自动化系统	调度自动化系
11	国网浙江省电力公...	南湾变-10kVII段...	城镇	A类	10kV	10700.00	10000.00	调度自动化系统	调度自动化系
12	国网浙江省电力公...	南湾变-10kVI段母...	城镇	A类	10kV	10700.00	10000.00	调度自动化系统	调度自动化系
13	国网浙江省电力公...	东方变-10kVI段母...	城镇	A类	10kV	10700.00	10000.00	调度自动化系统	调度自动化系
14	国网浙江省电力公...	红霞变-10kVII段...	城镇	A类	10kV	10700.00	10000.00	调度自动化系统	调度自动化系
15	国网浙江省电力公...	江南变-10kVII段...	市区	A类	10kV	10700.00	10000.00	调度自动化系统	调度自动化系
16	国网浙江省电力公...	嘉兴变-10kVI段母...	市区	A类	10kV	10700.00	10000.00	调度自动化系统	调度自动化系

20　1/5　当前总记录 100 条，每页显示 20 条。

图 2－59　城网 A 类监测点详细信息

5. 设置管理

设置管理功能用来每月上传监测点数量，如图 2－60 所示，在第一行灰色列分别录入城/农网布点规模，如第一行第一个灰色列带地区供电负荷的变电站 20/10（6）kV 母线填写的数量为“99”。城网或农网录入完毕后切换其他操作时，需要分别点击“保存”按钮，否则数据无法上报总部，如图 2－60 所示。

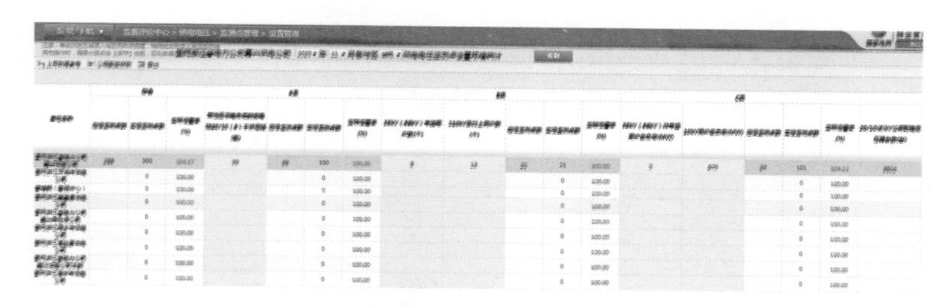

图 2-60　设置管理

（四）异常信息管理

异常信息管理包括异常合格率查询、异常监测点查询、异常装置信息、装置事件查询。

异常合格率查询主要查找制定月份城、农网电压合格率跳变阈值超过 5%的监测点，图 2-61 所示为农网 2020 年 1～10 月无电压合格率跳变阈值超过 5%的监测点。

图 2-61　异常合格率查询

异常监测点查询用于查找城、农网日数据异常和月数据异常情况，事件时间精确到天，主要记录日、月合格率长期不达标监测点数、合格率缺失数量、电压值缺失数量及合格率跳变数量，如图 2-62 所示。

图 2-62　异常监测点查询

异常装置信息主要记录装置流量超标信息、装置超期未校验信息和装置离线信息，如图 2－63 所示。

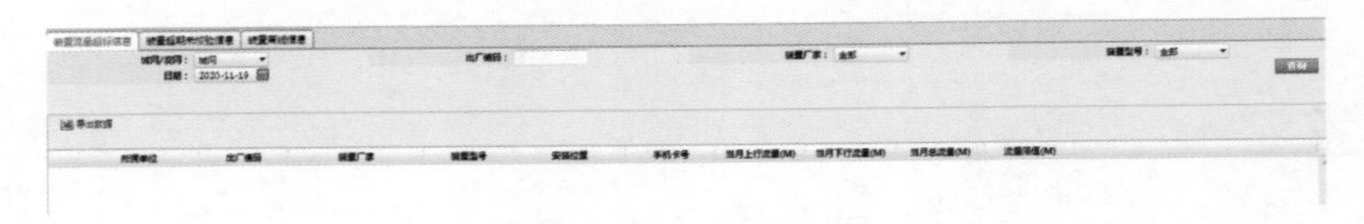

图 2－63 装置流量超标信息

装置超期未校验信息如图 2－64 所示，城网有部分监测点装置超期未校验。

装置流量超标信息 | 装置超期未校验信息 | 装置离线信息

城网/农网：城网　出厂编码：　装置厂家：全部　装置型号：全部

导出数据

	所属单位	出厂编码	装置厂家	装置型号	安装位置	上次校验时间	下次校验时间	超期时间(天)
1	国网浙江省电力公司杭州...	81050940	上海电荷电力科技公司	DT100C	吉安纸容器公司	2013-01-01	2013-01-04	2877
2	国网浙江省电力公司杭州...	80852906	南京华瑞杰自动化设备有限公司	DT604	麒泰轮胎	2013-01-01	2013-01-04	2877
3	国网浙江省电力公司杭州...	81050933	上海电荷电力科技公司	DT100C	康龙纺织厂	2013-01-01	2013-01-04	2877
4	国网浙江省电力公司杭州...	09121796	上海电荷电力科技公司	DT100C	嘉兴市建材陶瓷市场有...	2013-01-01	2013-01-04	2877
5	国网浙江省电力公司杭州...	81050948	上海电荷电力科技公司	DT100C	特迈斯（浙江）冷热工...	2013-01-01	2013-01-04	2877
6	国网浙江省电力公司杭州...	80852899	南京华瑞杰自动化设备有限公司	DT604	南城经营服务公司	2013-01-01	2013-01-04	2877
7	国网浙江省电力公司杭州...	80852898	南京华瑞杰自动化设备有限公司	DT604	南洋职业技术学校	2013-01-01	2013-01-04	2877
8	国网浙江省电力公司杭州...	80852897	南京华瑞杰自动化设备有限公司	DT604	嘉兴市联欣水汽供应有...	2013-01-01	2013-01-04	2877
9	国网浙江省电力公司杭州...	80852896	南京华瑞杰自动化设备有限公司	DT604	嘉兴市嘉源给排水有限...	2013-01-01	2013-01-04	2877
10	国网浙江省电力公司杭州...	81050943	上海电荷电力科技公司	DT100C	嘉兴学院	2013-01-01	2013-01-04	2877
11	国网浙江省电力公司杭州...	81050937	上海电荷电力科技公司	DT100C	嘉兴市嘉绿物业管理有...	2013-01-01	2013-01-04	2877
12	国网浙江省电力公司杭州...	81050932	上海电荷电力科技公司	DT100C	德景电子科技	2013-01-01	2013-01-04	2877
13	国网浙江省电力公司杭州...	81050945	上海电荷电力科技公司	DT100C	戴梦得大厦	2013-01-01	2013-01-04	2877
14	国网浙江省电力公司杭州...	81051132	宁波翔阳电测仪器有限公司	DT12100C	嘉兴第二医院	2013-01-01	2013-01-04	2877
15	国网浙江省电力公司杭州...	81051127	宁波翔阳电测仪器有限公司	DT12100C	郊区水泥厂	2013-01-01	2013-01-04	2877
16	国网浙江省电力公司杭州...	81052869	南京华瑞杰自动化设备有限公司	DT604	中国人民银行嘉兴市中...	2013-01-01	2013-01-04	2877
17	国网浙江省电力公司杭州...	81052871	南京华瑞杰自动化设备有限公司	DT604	嘉兴市体育产业发展投...	2013-01-01	2013-01-04	2877
18	国网浙江省电力公司杭州...	09121803	上海电荷电力科技公司	DT100C	嘉兴市国家税务局	2013-01-01	2013-01-04	2877
19	国网浙江省电力公司杭州...	09121800	上海电荷电力科技公司	DT100C	欣悦印染有限公司	2013-01-01	2013-01-04	2877
20	国网浙江省电力公司杭州...	09121798	上海电荷电力科技公司	DT100C	弘裕纺织（浙江）有限...	2013-01-01	2013-01-04	2877

图 2－64 装置超期未校验信息

装置离线信息如图 2－65 所示，显示的离线监测点为全省城网离线监测点，用该方法查找某市离线监测点较为麻烦，可参考本节（一）首页综合展示中待办信息的介绍，如图 2－4 所示，可以快速查找离线装置。

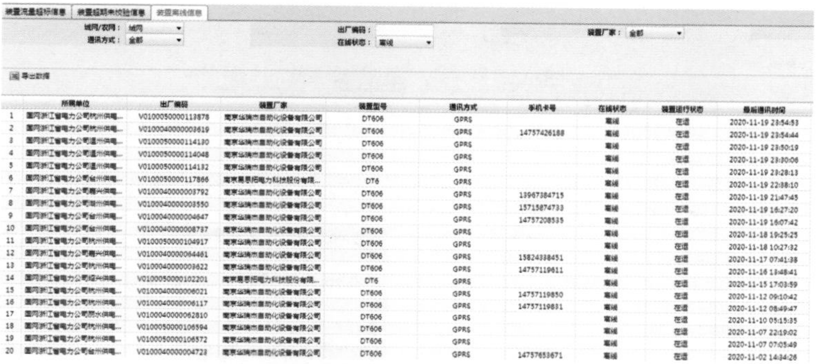

装置流量超标信息 | 装置超期未校验信息 | 装置离线信息

城网/农网：城网　　出厂编码：　　装置厂家：全部

通讯方式：全部　　在线状态：离线

导出数据

	所属单位	出厂编码	装置厂家	装置型号	通讯方式	手机卡号	在线状态	装置运行状态	最后通讯时间
1	国网浙江省电力公司杭州供电...	V0100050000113878	南京华瑞杰自动化设备有限公司	DT606	GPRS		离线	在运	2020-11-19 23:54:53
2	国网浙江省电力公司杭州供电...	V0100040000003619	南京华瑞杰自动化设备有限公司	DT606	GPRS	14757426188	离线	在运	2020-11-19 23:54:44
3	国网浙江省电力公司温州供电...	V0100050000114130	南京华瑞杰自动化设备有限公司	DT606	GPRS		离线	在运	2020-11-19 23:50:19
4	国网浙江省电力公司温州供电...	V0100050000114048	南京华瑞杰自动化设备有限公司	DT606	GPRS		离线	在运	2020-11-19 23:30:06
5	国网浙江省电力公司温州供电...	V0100050000114132	南京华瑞杰自动化设备有限公司	DT606	GPRS		离线	在运	2020-11-19 23:28:13
6	国网浙江省电力公司台州供电...	V0100050000117866	南京易思拓电力科技股份有限...	DT6	GPRS		离线	在运	2020-11-19 22:38:10
7	国网浙江省电力公司嘉兴供电...	V0100040000003792	南京华瑞杰自动化设备有限公司	DT606	GPRS	13967384715	离线	在运	2020-11-19 21:47:45
8	国网浙江省电力公司湖州供电...	V0100040000003550	南京华瑞杰自动化设备有限公司	DT606	GPRS	15715874733	离线	在运	2020-11-19 16:27:20
9	国网浙江省电力公司台州供电...	V0100040000004647	南京华瑞杰自动化设备有限公司	DT606	GPRS	14757208535	离线	在运	2020-11-19 16:07:42
10	国网浙江省电力公司台州供电...	V0100040000008737	南京华瑞杰自动化设备有限公司	DT606	GPRS		离线	在运	2020-11-18 19:25:25
11	国网浙江省电力公司杭州供电...	V0100050000104917	南京华瑞杰自动化设备有限公司	DT606	GPRS		离线	在运	2020-11-18 10:27:32
12	国网浙江省电力公司嘉兴供电...	V0100040000064461	南京华瑞杰自动化设备有限公司	DT606	GPRS	15824338451	离线	在运	2020-11-17 07:41:38
13	国网浙江省电力公司杭州供电...	V0100040000003622	南京华瑞杰自动化设备有限公司	DT606	GPRS	14757119611	离线	在运	2020-11-16 13:48:41
14	国网浙江省电力公司绍兴供电...	V0100050000102201	南京易思拓电力科技股份有限...	DT6	GPRS		离线	在运	2020-11-15 17:03:59
15	国网浙江省电力公司杭州供电...	V0100040000006021	南京华瑞杰自动化设备有限公司	DT606	GPRS	14757119850	离线	在运	2020-11-12 09:10:42
16	国网浙江省电力公司杭州供电...	V0100040000006117	南京华瑞杰自动化设备有限公司	DT606	GPRS	14757119831	离线	在运	2020-11-12 08:49:47
17	国网浙江省电力公司丽水供电...	V0100040000062810	南京华瑞杰自动化设备有限公司	DT606	GPRS		离线	在运	2020-11-10 05:15:35
18	国网浙江省电力公司杭州供电...	V0100050000106594	南京华瑞杰自动化设备有限公司	DT606	GPRS		离线	在运	2020-11-07 22:19:02
19	国网浙江省电力公司杭州供电...	V0100050000106572	南京华瑞杰自动化设备有限公司	DT606	GPRS		离线	在运	2020-11-07 07:05:49
20	国网浙江省电力公司台州供电...	V0100040000004723	南京华瑞杰自动化设备有限公司	DT606	GPRS	14757653671	离线	在运	2020-11-02 14:34:26

图2-65　装置离线信息

第二节　浙电电压管控系统介绍

浙电电压管控系统是国网浙江省供电公司自主研发的供电电压管控系统，其所有电压数据均取自国网供电电压系统，且浙电电压管控系统细分了单位，包含分中心、营销部、运检工区和各县局。浙电电压管控系统的出现可以分层分区落实电压合格率管控责任，加强电压合格率指标的管控，有效提升电压合格率。

浙电电压管控系统登录网址为 http://21.49.24.10：18080/vms/jsp/commonModule/login.jsp，登录后主界面如图 2-66 所示。主界面详细描述了当月城网、农网电压合格率完成情况以及年累计指标，并进行了指标同比，主界面还详细描述了当月城网、农网 D 类（居民端）电压合格率完成情况以及年累计指标，并进行了指标同比；同时主界面还对各单位按照当月综合合格率完成情况进行排名。

点击浙电电压管控系统主界面左上角的“快捷管理”，可以快速进入浙电电压管控系统相关功能，如图 2-67 所示。

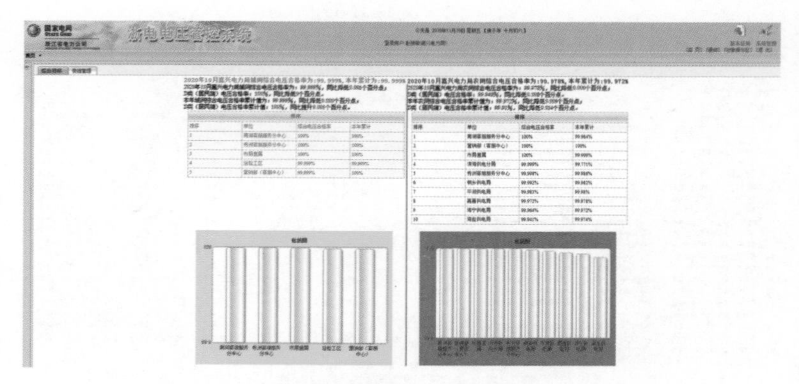

图 2-66　浙电电压管控系统登录主界面

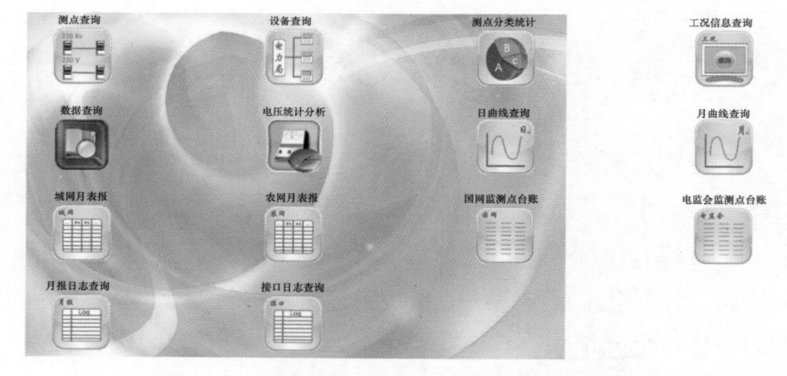

图 2-67　浙电电压管控系统主界面快捷管理

浙电电压管控系统基本应用有 12 项，分别为档案管理、统计查询、图表查询、报表管理、运行管理、日志查询、监测点台账、数据召测、参数配置/任务配置、公变参考、新 ABC 类改造数据和五率考核。其中常用的基本应用有档案管理、统计查询、图表查询、报表管理、新 ABC 类改造数据、“五率”考核，无需使用的基本应用为运行管理、日志查询、监测点台账、数据召测、参数配置/任务配置、公变参考。

下面对浙电电压管控系统常用的六种基本应用进行介绍。

1. 新 ABC 类改造数据

新 ABC 类改造数据是较为常用基本应用之一，可以快速查看日报表、日月电压合格率查询，也可以查看监测点 5min 电压曲线，如图 2－68 所示。

报表管理　运行管理　日志查询　监测点维护　数据召测　参数配置/任务配置　公变查询　新ABC类改造数据　五率考核

日电压合格率查询

查询条件

节点名 嘉兴电力局　测点所属 城-全部　测点类型 A

考核属性 统计点　查询时间 2020-11-19

查询

综合查询

操作	单位	测点类型	测点所属	电压等级	测点名称	日电压统计平均值	日电压统计最大值	日电压统计最大值发生时间	日电压统计最小值	日电压统计最小值发生时间	日电压统计合格率	日电压统计合格时间
五分钟数据	运检工区	A	城-城镇	交流10kV	八图变-10kV IV段母线	10.36	10.52	2020-11-19 21:50:00	10.19	2020-11-19 08:15:00	100	1440
五分钟数据	运检工区	A	城-城镇	交流10kV	东方变-10kV I段母线	10.35	10.46	2020-11-19 23:00:00	10.21	2020-11-19 08:55:00	100	1440
五分钟数据	运检工区	A	城-市区	交流10kV	金鱼变-10kV I段母线	10.23	10.33	2020-11-19 01:30:00	10.1	2020-11-19 08:30:00	100	1440
五分钟数据	运检工区	A	城-城镇	交流10kV	新塍变-10kV I段母线	10.33	10.52	2020-11-19 17:00:00	10.12	2020-11-19 09:25:00	100	1440
五分钟数据	运检工区	A	城-市区	交流10kV	洪兴变-10kV I段母线	10.38	10.49	2020-11-19 04:20:00	10.27	2020-11-19 16:20:00	100	1440
五分钟数据	运检工区	A	城-市区	交流10kV	双河变-10kV I段母线	10.28	10.45	2020-11-19 07:25:00	10.14	2020-11-19 08:45:00	100	1440
五分钟数据	运检工区	A	城-城镇	交流10kV	王江泾-10kV I段母线	10.4	10.54	2020-11-19 11:00:00	10.28	2020-11-19 22:00:00	100	1440
五分钟数据	运检工区	A	城-市区	交流10kV	陆桥变-10kV I段母线	10.46	10.59	2020-11-19 19:00:00	10.29	2020-11-19 20:35:00	100	1440
五分钟数据	运检工区	A	城-市区	交流10kV	嘉北变-10kV I段母线	10.42	10.56	2020-11-19 23:55:00	10.26	2020-11-19 10:10:00	100	1440
五分钟数据	运检工区	A	城-市区	交流10kV	梅里变-10kV I段母线	10.29	10.42	2020-11-19 23:55:00	10.09	2020-11-19 08:00:00	100	1440
五分钟数据	运检工区	A	城-城镇	交流10kV	南汇变-10kV I段母线	10.39	10.5	2020-11-19 11:00:00	10.34	2020-11-19 21:10:00	100	1440
五分钟数据	运检工区	A	城-市区	交流10kV	陆桥变-10kV I段母线	10.46	10.62	2020-11-19 19:00:00	10.3	2020-11-19 20:35:00	100	1440
五分钟数据	运检工区	A	城-市区	交流10kV	嘉兴变-10kV I段母线	10.31	10.42	2020-11-19 23:55:00	10.21	2020-11-19 10:10:00	100	1440
五分钟数据	运检工区	A	城-市区	交流10kV	嘉兴变-10kV I段母线	10.47	10.58	2020-11-19 04:20:00	10.37	2020-11-19 16:10:00	100	1440
五分钟数据	运检工区	A	城-市中心区	交流10kV	城中变-10kV I段母线	10.38	10.42	2020-11-18 14:45:00	10.28	2020-11-18 16:35:00	100	1440
五分钟数据	运检工区	A	城-城镇	交流10kV	新塍变-10kV I段母线	10.33	10.42	2020-11-19 23:15:00	10.2	2020-11-19 12:35:00	100	1440
五分钟数据	运检工区	A	城-城镇	交流10kV	金塘变-10kV I段母线	10.38	10.48	2020-11-19 22:50:00	10.3	2020-11-19 09:50:00	100	1440
五分钟数据	运检工区	A	城-城镇	交流10kV	方家变-10kV I段母线	10.36	10.6	2020-11-19 04:20:00	10.13	2020-11-19 09:00:00	100	1440
五分钟数据	运检工区	A	城-市中心区	交流10kV	城中变-10kV I段母线	10.33	10.41	2020-11-19 05:10:00	10.22	2020-11-19 10:30:00	100	1440
五分钟数据	运检工区	A	城-市区	交流10kV	东栅变-10kV I段母线	10.3	10.4	2020-11-19 04:30:00	10.14	2020-11-19 09:30:00	100	1440

第 1 页共 4 页　30　显示第 1 条到 30 条记录，一共 100 条

图 2－68　日电压合格率查询

点击新 ABC 类改造数据→月电压合格率查询，即可查看监测点月电压合格率，图 2－69 所示为 2020 年 10 月嘉兴电力局城网 A 类监测点月电压统计数据。

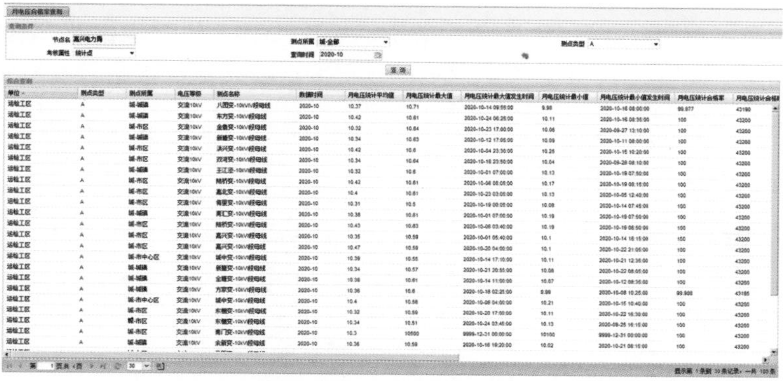

月电压合格率查询

查询条件

节点名 嘉兴电力局　测点所属 城-全部　测点类型 A

考核属性 统计点　查询时间 2020-10

查询

综合查询

单位	测点类型	测点所属	电压等级	测点名称	数据时间	月电压统计平均值	月电压统计最大值	月电压统计最大值发生时间	月电压统计最小值	月电压统计最小值发生时间	月电压统计合格率	月电压统计合格时
运检工区	A	城-城镇	交流10kV	八图变-10kV IV段母线	2020-10	10.37	10.71	2020-10-14 09:56:00	9.98	2020-10-16 08:00:00	99.977	43190
运检工区	A	城-城镇	交流10kV	东方变-10kV I段母线	2020-10	10.42	10.61	2020-10-24 06:25:00	10.11	2020-10-16 08:35:00	100	43200
运检工区	A	城-市区	交流10kV	金鱼变-10kV I段母线	2020-10	10.32	10.64	2020-10-23 17:00:00	10.06	2020-09-27 13:10:00	100	43200
运检工区	A	城-城镇	交流10kV	新塍变-10kV I段母线	2020-10	10.34	10.63	2020-10-12 17:05:00	10.09	2020-10-11 08:00:00	100	43200
运检工区	A	城-市区	交流10kV	洪兴变-10kV I段母线	2020-10	10.42	10.6	2020-10-04 23:30:00	10.25	2020-10-15 10:20:00	100	43200
运检工区	A	城-市区	交流10kV	双河变-10kV I段母线	2020-10	10.34	10.64	2020-10-18 23:50:00	10.04	2020-09-28 08:10:00	100	43200
运检工区	A	城-城镇	交流10kV	王江泾-10kV I段母线	2020-10	10.32	10.6	2020-10-01 07:00:00	10.13	2020-10-19 07:50:00	100	43200
运检工区	A	城-市区	交流10kV	陆桥变-10kV I段母线	2020-10	10.42	10.61	2020-10-06 08:05:00	10.17	2020-10-19 08:15:00	100	43200
运检工区	A	城-市区	交流10kV	嘉北变-10kV I段母线	2020-10	10.4	10.61	2020-10-23 03:05:00	10.13	2020-10-05 12:40:00	100	43200
运检工区	A	城-市区	交流10kV	梅里变-10kV I段母线	2020-10	10.31	10.5	2020-10-19 00:05:00	10.08	2020-10-14 07:45:00	100	43200
运检工区	A	城-城镇	交流10kV	南汇变-10kV I段母线	2020-10	10.38	10.61	2020-10-01 07:00:00	10.19	2020-10-19 07:50:00	100	43200
运检工区	A	城-市区	交流10kV	陆桥变-10kV I段母线	2020-10	10.43	10.63	2020-10-06 03:40:00	10.19	2020-10-19 08:50:00	100	43200
运检工区	A	城-市区	交流10kV	嘉兴变-10kV I段母线	2020-10	10.35	10.59	2020-10-01 05:40:00	10.1	2020-10-14 16:15:00	100	43200
运检工区	A	城-市区	交流10kV	嘉兴变-10kV I段母线	2020-10	10.47	10.59	2020-10-20 04:00:00	10.1	2020-10-22 21:05:00	100	43200
运检工区	A	城-市中心区	交流10kV	城中变-10kV I段母线	2020-10	10.39	10.55	2020-10-14 17:10:00	10.11	2020-10-21 12:35:00	100	43200
运检工区	A	城-城镇	交流10kV	新塍变-10kV I段母线	2020-10	10.34	10.57	2020-10-21 20:55:00	10.08	2020-10-22 08:05:00	100	43200
运检工区	A	城-城镇	交流10kV	金塘变-10kV I段母线	2020-10	10.38	10.61	2020-10-14 11:00:00	10.07	2020-10-12 08:35:00	100	43200
运检工区	A	城-城镇	交流10kV	方家变-10kV I段母线	2020-10	10.36	10.6	2020-10-18 02:25:00	9.99	2020-10-08 10:25:00	99.988	43185
运检工区	A	城-市中心区	交流10kV	城中变-10kV I段母线	2020-10	10.4	10.58	2020-10-06 04:00:00	10.21	2020-10-15 10:40:00	100	43200
运检工区	A	城-市区	交流10kV	东栅变-10kV I段母线	2020-10	10.32	10.59	2020-10-20 17:00:00	10.11	2020-10-22 16:30:00	100	43200
运检工区	A	城-市区	交流10kV	东栅变-10kV I段母线	2020-10	10.34	10.51	2020-10-24 03:45:00	10.13	2020-09-25 16:15:00	100	43200
运检工区	A	城-市区	交流10kV	南门变-10kV I段母线	2020-10	10.3	10500	9999-12-31 00:00:00	10100	9999-12-31 00:00:00	100	43200
运检工区	A	城-城镇	交流10kV	余新变-10kV I段母线	2020-10	10.36	10.59	2020-10-16 19:20:00	10.02	2020-10-21 08:15:00	100	43200

第 1 页共 4 页　30　显示第 1 条到 30 条记录，一共 100 条

图 2－69　日电压合格率查询

新 ABC 类改造数据→5min 曲线用于查看 D 类监测点当天 5min 电压曲线情况，从 5min 电压曲线图可以明显看出当天电压走势、有无越限等。操作步骤：依次点击 ABC 类改造数据→5min 曲线，在左侧标签页“电网结构、采集设备、查询”三者当中选择“查询”，输入需要查看的 D 类监测点名称或终端逻辑地址，双击查询结果下的监测点，即可查询 5min 电压曲线，如图 2－70 所示。

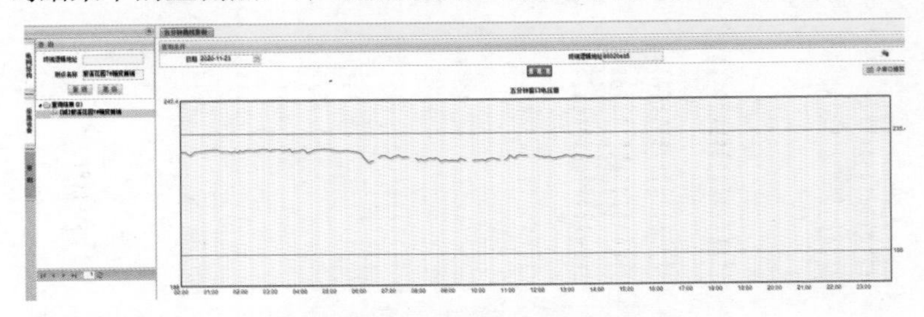

图 2－70　5min 电压曲线

新 ABC 类改造数据→日报表功能是每日巡视电压的必备操作，用来查看某一日城农网日电压完成情况。该报表简单记录了各单位 ABCD 四类电压监测点的日合格率以及综合合格率，可以直观看出各个单位的日电压完成情况，通常作为每日电压日报的参考报表之一，如图 2－71 所示。操作步骤：依次点击新 ABC 类改造数据→日报表，在左侧标签页“电网结构、采集设备、查询”三者当中选择“电网结构”，双击需要查询的节点单位，点击“查询”按钮即可。

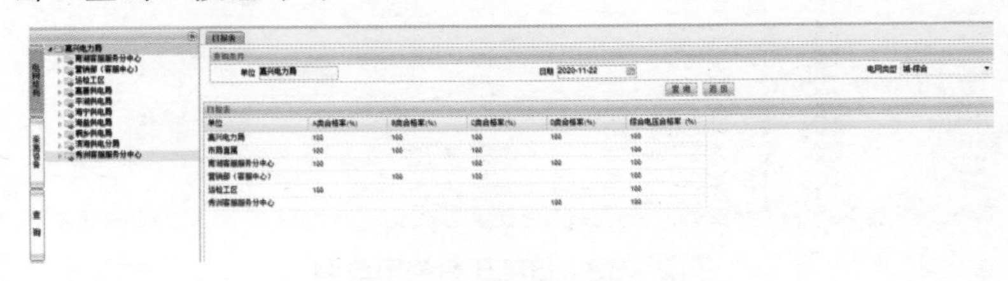

图 2－71　日报表

2. 档案管理

档案管理菜单下分设备查询、测点查询、测点分类统计、测点变更审核和设备变更查询，常用的是测点查询以及测点变更审核，其中测点查询中可新增测点。测点新增方法在第二章第一节中监测点台账的新建功能里已经详细说明。

3. 统计查询

统计查询是常用的日月合格率查询基本应用，下分日电压合格率查询、月电压合格率查询、月上报日数据换算合格率对比、日数据报送明细及当月合格率查询。

日月合格率查询与 ABC 类改造数据中的日电压合格率查询相比更加的综合，统计查询→日月合格率查询中的内容不再细分 ABCD 四类监测点的监测点电压合格率完成情况，而是包含整个 ABCD 四类监测点的电压完成情况，如图 2－72 所示，点击最下方的 Excel 图标可导出日合格率报表。

节点名 [illegible]　测点所属 全部　查询时间 2020-11-22
测点类型 全部　电压等级 全部　考核属性 统计点

查询

单位	测点类型	测点所属	电压等级	测点名称	日电压统计平均值	日电压统计最大值	日电压统计最大值发生时间	日电压统计最小值	日电压统计最小值发生时间	日电压统计合格率	日电压统计合格时间	日电压统
[illegible]	D	农-农村	交流220V	[illegible]	[illegible]	[illegible]	[illegible]	[illegible]	[illegible]	[illegible]	[illegible]	[illegible]

图 2－72　日合格率查询报表

月电压合格率查询，如图 2－73 所示。

统计查询→当月合格率查询用于快速查看各单位当月累计电压合格率完成情况，统计日期为查询日期前一天。例如，2020

年 11 月 20 日查询，那么当月合格率查询的为 10 月 25 日至 11 月 19 日的累计合格率，如图 2－74 所示。

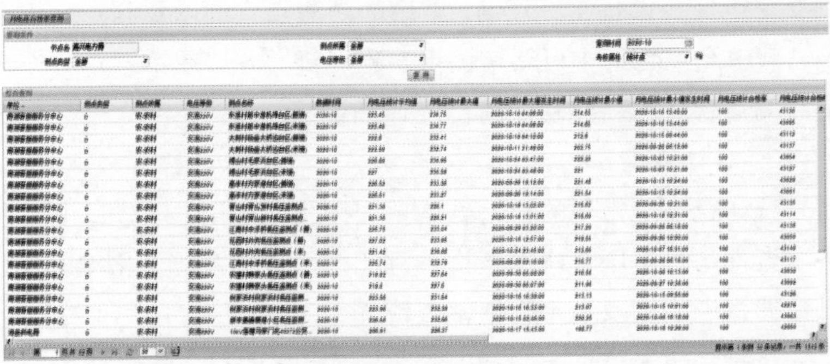

图 2－73　日合格率查询报表

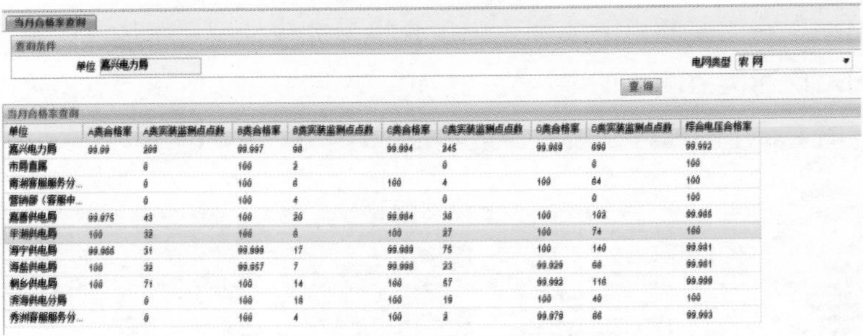

当月合格率查询

查询条件

单位 嘉兴电力局　　电网类型 农网

查询

当月合格率查询

单位	A类合格率	A类实装监测点点数	B类合格率	B类实装监测点点数	C类合格率	C类实装监测点点数	D类合格率	D类实装监测点点数	综合电压合格率
嘉兴电力局	99.99	209	99.997	98	99.994	245	99.989	690	99.992
市局直属		0	100	2		0		0	100
南湖客服服务分...		0	100	6	100	4	100	64	100
营销部（客服中...		0	100	4		0		0	100
嘉善供电局	99.975	43	100	26	99.984	38	100	102	99.985
平湖供电局	100	32	100	6	100	27	100	74	100
海宁供电局	99.966	31	99.999	17	99.989	75	100	140	99.981
海盐供电局	100	32	99.957	7	99.998	23	99.929	68	99.981
桐乡供电局	100	71	100	14	100	57	99.992	116	99.999
滨海供电分局		0	100	18	100	19	100	40	100
秀洲客服服务分...		0	100	4	100	2	99.979	86	99.993

图 2－74　当月合格率查询报表

4. 图表查询

图标查询相比其他基本应用，使用频率较低，其中 5min 曲线功能与新 ABC 类改造数据→5min 曲线功能完全一致。

5. 报表管理

报表管理分城网月报表和农网月报表，城网月报表如图 2－75 所示，农网月报表如图 2－76 所示。

图 2-75　城网月报表分类

图 2-76　农网月报表分类

常用的城网月报表为城网月报表分类中的第一个“城网电压合格率月报”，打开后如图 2-77 所示，通常用于报送城网月合格率完成情况，或作为电压相关月报编写工作的参考数据。

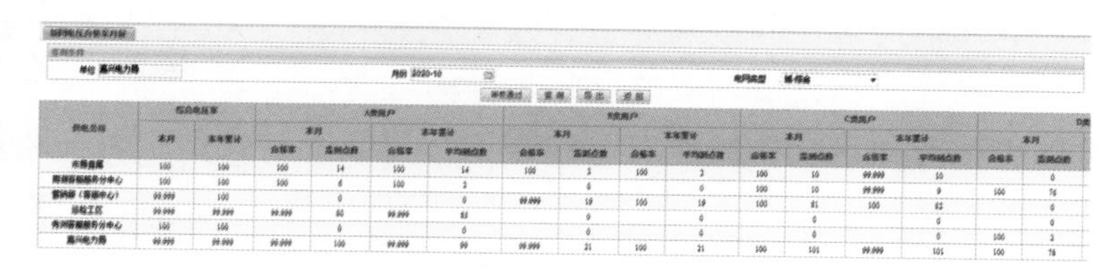

供电单位	综合电压率		A类用户				B类用户				C类用户				D类	
	本月	本年累计	本月		本年累计		本月		本年累计		本月		本年累计		本月	
			合格率	监测点数	合格率	平均监测点数	合格率	监测点数	合格率	平均监测点数	合格率	监测点数	合格率	平均监测点数	合格率	监测点数
[illegible]	100	100	100	14	100	14	100	2	100	2	100	10	99.999	10		0
南湖客服服务分中心	100	100	100	6	100	2		6		6	100	10	99.999	9	100	76
营销部（客服中心）	99.999	100		0		0	99.999	19	100	19	100	81	100	82		0
运检工区	99.999	99.999	99.999	80	99.999	83		0		0		0		0		0
秀洲客服服务分中心	100	100		0		0		0		0		0		0	100	2
嘉兴电力局	99.999	99.999	99.999	100	99.999	99	99.999	21	100	21	100	101	99.999	101	100	78

图 2-77　城网电压合格率月报

常用的农网月报表为农网月报表分类中的第一个“农网电压合格率月报（当月值）地区局小计”，打开后如图 2-78 所示，通常用于报送农网月合格率完成情况，或作为电压相关月报编写工作的参考数据。

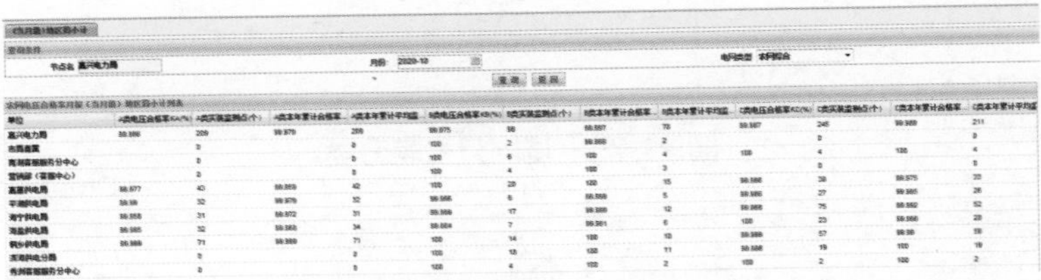

单位	A类电压合格率KA(%)	A类实装监测点(个)	A类本年累计合格率	A类本年累计平均监	B类电压合格率KB(%)	B类实装监测点(个)	B类本年累计合格率	B类本年累计平均监	C类电压合格率KC(%)	C类实装监测点(个)	C类本年累计合格率	C类本年累计平均监
嘉兴电力局	99.986	209	99.979	209	99.975	56	99.987	70	99.987	245	99.989	211
市局直属		0		0	100	2	99.986	2		0		0
南湖客服服务分中心		0		0	100	6	100	4	100	4	100	4
营销部（客服中心）		0		0	100	4	100	3		0		0
嘉善供电局	99.977	40	99.959	42	100	20	100	15	99.986	38	99.975	33
平湖供电局	99.98	32	99.979	32	99.986	6	99.959	5	99.986	27	99.985	26
海宁供电局	99.958	31	99.972	31	99.989	17	99.989	12	99.968	75	99.962	52
海盐供电局	99.985	32	99.968	34	99.984	7	99.981	6	100	23	99.986	20
桐乡供电局	99.986	71	99.989	71	100	14	100	10	99.989	57	99.98	59
滨海供电分局		0		0	100	18	100	11	99.986	19	100	19
秀洲客服服务分中心		0		0	100	4	100	2	100	2	100	2

图 2－78　农网电压合格率月报

6.“五率”考核

关于“五率”的说明，可参考第一章第四节中的“各月度指标计算公式及定义（五率）”，这里不再详细阐述。“五率”考核可分为城网“五率”、农网“五率”、城网“五率”累计、农网“五率”累计。

第三节　OPEN—3000 能量管理系统介绍

OPEN—3000 能量管理系统是国网嘉兴供电公司研发的具有标准化平台支持的调度自动化信息集成系统，其主要功能有厂站遥测、厂站遥信、事故反演、母线查询、厂站告警。供电电压管控可使用到的功能有母线查询，母线查询包含地区点号的查询方法。

首先登录 OPEN—3000 能量管理系统，网址 http://10.33.175.140:8000/index.html。登录成功后，界面会提示用户已登录，如图 2－79 所示。

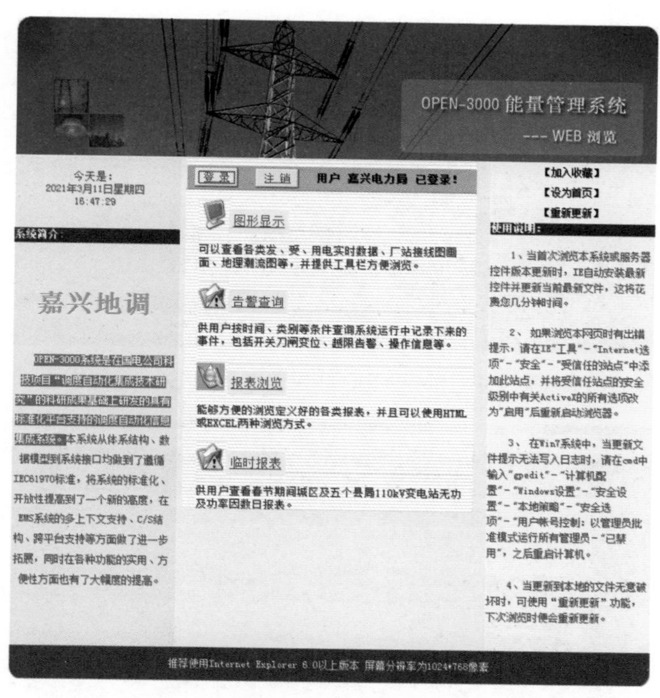

图 2-79　OPEN—3000 能量管理系统登录界面

点击“图形显示”进入 OPEN—3000 能量管理系统 SCADA 界面，如图 2-80 所示，点击红框“一次接线”，即可进入嘉兴电网厂站目录。嘉兴电网厂站目录包括了 220kV 及以上变电站、城区变电站、县局变电站和电厂及用户变电站，其中南湖、秀洲、滨海、配调各类变电站属于城区变电站，嘉善、桐乡、海宁、海盐、平湖等变电站属于县局变电站，电厂及用户变电站包含公用电厂、自备电厂以及 35kV 以上用户，如图 2-81～图 2-84 所示（隐私信息已打码处理）。

图 2-80　OPEN—3000 能量管理系统 SCADA 界面

图 2-81　嘉兴电网厂站目录

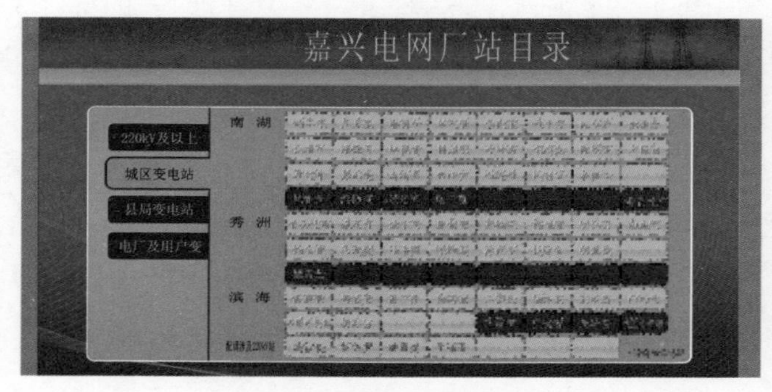

图 2-82　城区变电站

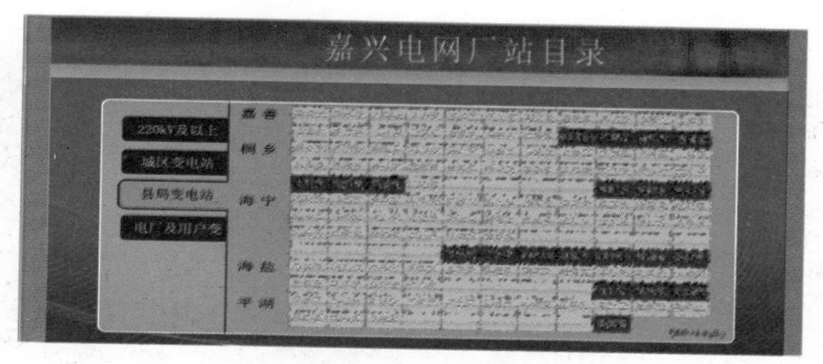

图 2-83　县局变电站

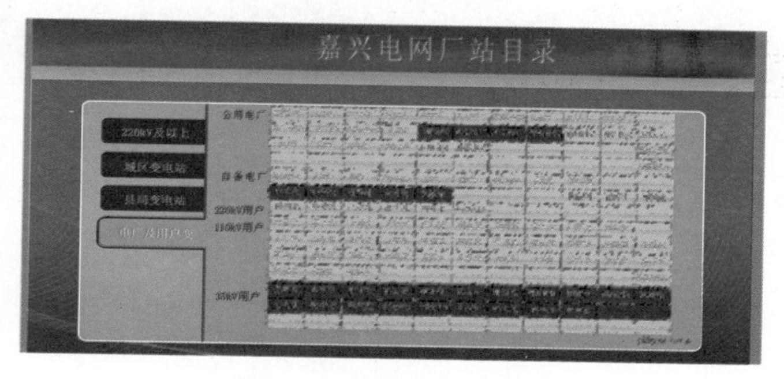

图 2-84　电厂及用户变

供电电压运维管控中通常会处理到 A 类监测点以及部分 B 类虚拟点（B 类虚拟点电压数据实际为 A 类母线电压值）的问题，例如 A 类监测点越限、A 类监测点数据缺失、A 类监测点负荷查询、A 类监测点告警查询以及 A 类监测点地区点号查询。

一、A 类监测点母线电压数据查询

以城区变电站——南湖新丰变电站为例，在嘉兴电网厂站目录点击城区变电站，再点击新丰变电站（城区变电站第一行第一个）即可进入新丰变电站厂站接线图（隐私信息已打码处理），如图 2－85 所示。

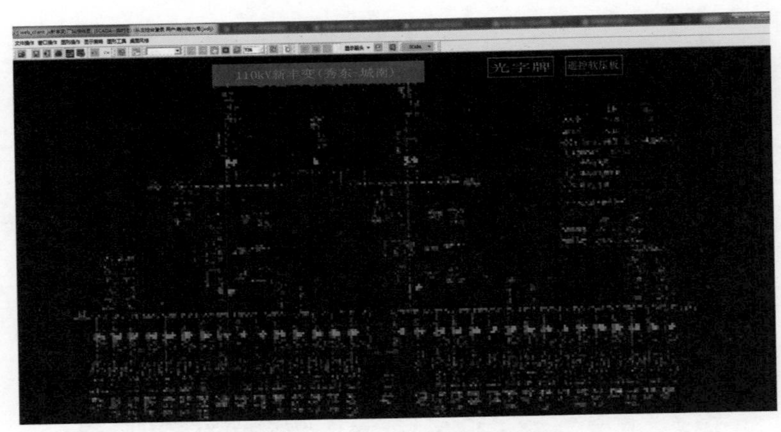

图 2-85　新丰变厂站接线图

进入新丰变电站厂站接线图后，可以直观地看到新丰变电站有 10kV Ⅰ段母线和 10kV Ⅱ段母线，在 10kV Ⅰ段母线上方有一个白色表格，为新丰变电站有 10kV Ⅰ段母线实时电压表。如图 2-86 所示，表中实时记录了 10kV Ⅰ段母线 U_{ab}、U_a、U_b、U_c 的实时电压。

10kV Ⅰ段母线	
Uab	10.41
Ua	6.02
Ub	6.04
Uc	5.98
3U0	0.40

10kV Ⅰ段母线

图 2-86　10kV Ⅰ段母线实时电压表

右键点击 U_{ab} 实时电压，可弹出遥测菜单，点击今日曲线即可打开新丰变电站 10kV Ⅰ段母线今日曲线图，如图 2-87 所示。

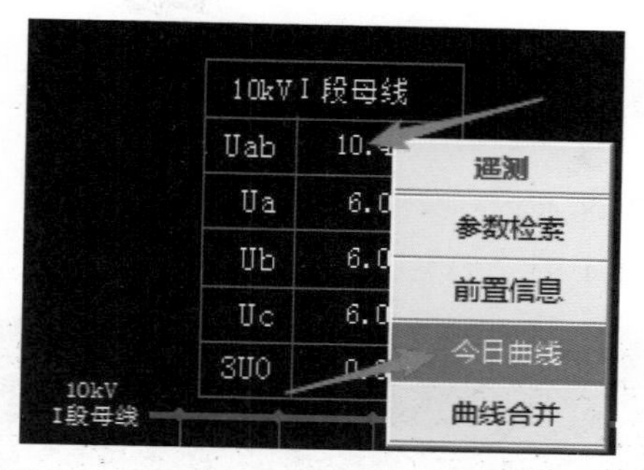

图 2-87　10kV Ⅰ段母线 U_{ab} 遥测菜单

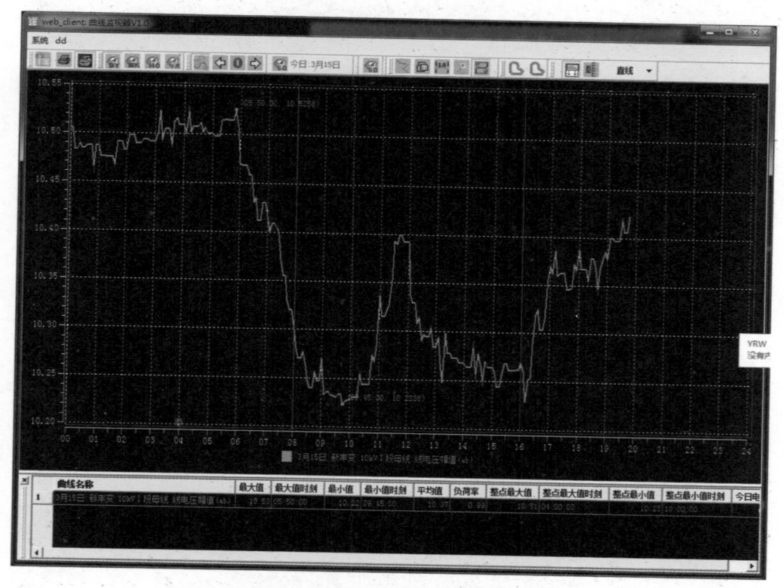

图 2-88　新丰变 10kV Ⅰ段母线今日曲线

由图 2-88 新丰变电站 10kV Ⅰ段母线今日曲线可详细查看新丰变 10kV Ⅰ段母线当日电压走势以及当日电压最大值、电压最小值等。在上方工具栏可选择日期，也可以选择日曲线、周曲线、月曲线和年曲线。

二、A 类监测点负荷查询（有功值）

仍然以新丰变为例，如图 2－89 所示，在新丰变厂站接线图中点击红色方框中的“#1 主变 10kV”。

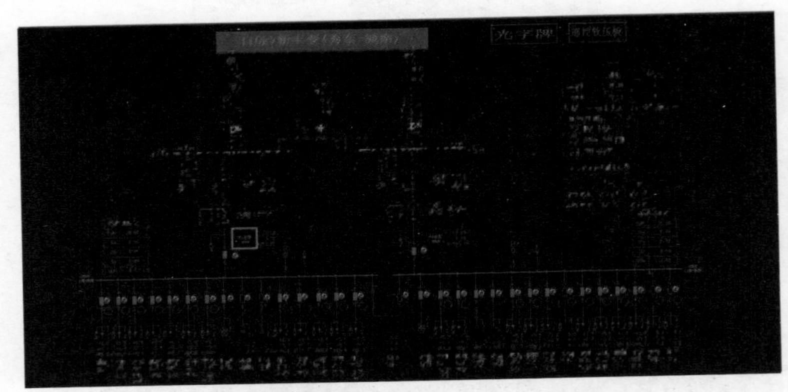

图 2－89　新丰变厂站接线图“#1 主变 10kV”

点击红色方框中的“#1 主变 10kV”即可打开新丰变电站#1 主变 10kV 光字牌，如图 2－90 所示。

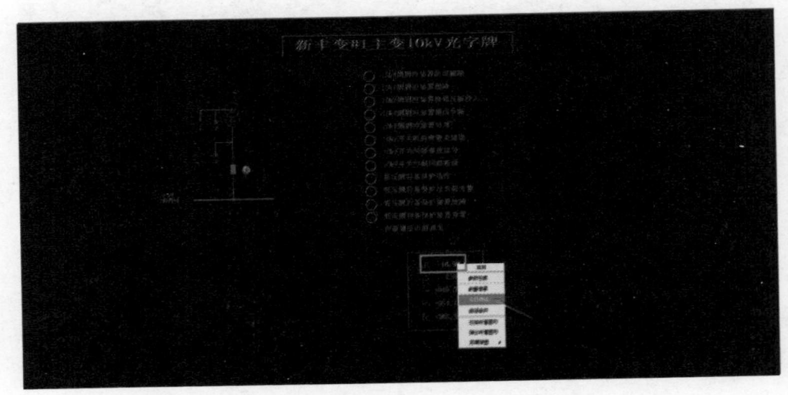

图 2－90　新丰变#1 主变 10kV 光字牌

在新丰变#1 主变 10kV 光字牌下方白色方框中，选择有功值“P”，并右键点击有功值“-16.92”打开遥测菜单，选择今日曲线即可打开新丰变#1 主变当日有功值曲线图，如图 2-91 所示。

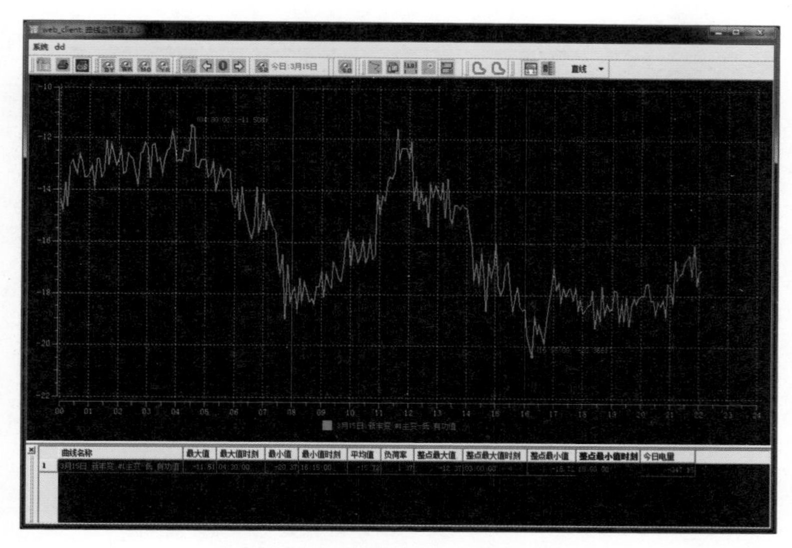

图 2-91　新丰变#1 主变有功值

根据新丰变#1 主变有功值当天变化曲线走势可以了解新丰变#1 主变当天负荷完成情况，主要用于分析 A 类监测点电压值异常的依据。

三、A 类监测点地区点号查询

A 类监测点地区点号等同于 D 类监测点所属电压监测仪的出厂编码，A 类监测点地区点号与 A 类监测点为一一对应关系。下面依然以新丰变电站为例，介绍 A 类监测点地区点号查询方法。

首先打开新丰变厂站接线图，可以直观地看到新丰有10kV Ⅰ段母线和 10kV Ⅱ段母线，10kV Ⅰ段母线和 10kV Ⅱ段母线在厂站接线图中为蓝色加粗横线，如图 2-92 所示。（图中已用红色方框注明，隐私信息已进行马赛克处理）。

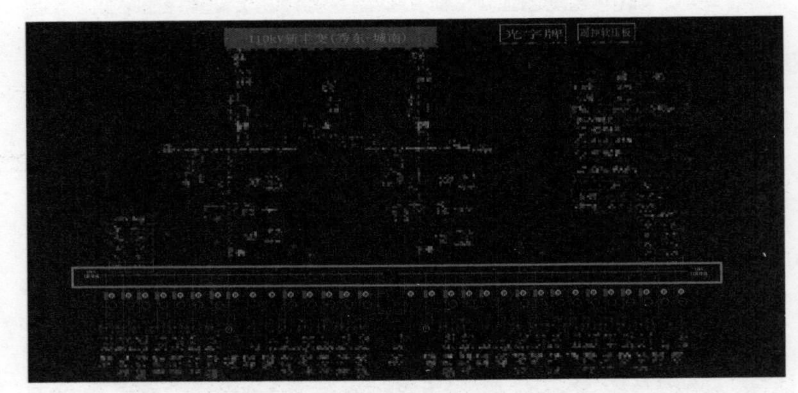

图 2-92　新丰变厂站接线图（母线）

然后，需要先将工具栏中厂站接线图的“SCADA”显示模式改为 PAS 中的“状态估计”。在该显示状态下，才可以查看地区点号，如图 2-93 所示。

图 2-93　新丰变厂站接线图（PAS 状态估计）

新丰变厂站接线图显示模式由“SCADA”显示模式改为PAS“状态估计”后，若要查看新丰变 10kV Ⅰ段母线地区点号，只需将鼠标移至蓝色加粗母线上，3s 后会自动弹出淡黄色信息框，淡黄色信息框中的 ID 即为新丰变 10kV Ⅰ段母线地区点号，如图 2-94 所示。

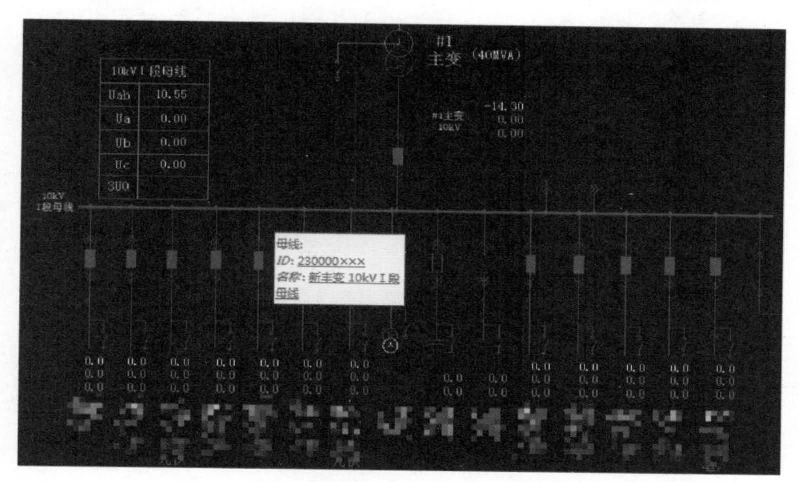

图 2-94　新丰变 10kV Ⅰ段母线地区点号

第四节　电力用户用电信息采集系统介绍

电力用户用电信息采集系统是对电力用户的用电信息进行采集、处理和实时监控的系统，实现用电信息的自动采集、计量异常监测、电能质量监测、用电分析和管理、相关信息发布、分布式能源监控、智能用电设备的信息交互等功能。

在供电电压管控工作中，电力用户用电信息采集系统用于查看 BC 类监测点用户档案以及负荷数据查询。

电力用户用电信息采集系统网址为 https://amr3.zj.sgcc.com.cn/amr/，其登录界面如图 2-95 所示。

图 2-95 电力用户用电信息采集系统登录界面

登录成功后，主界面如图 2-96 所示。

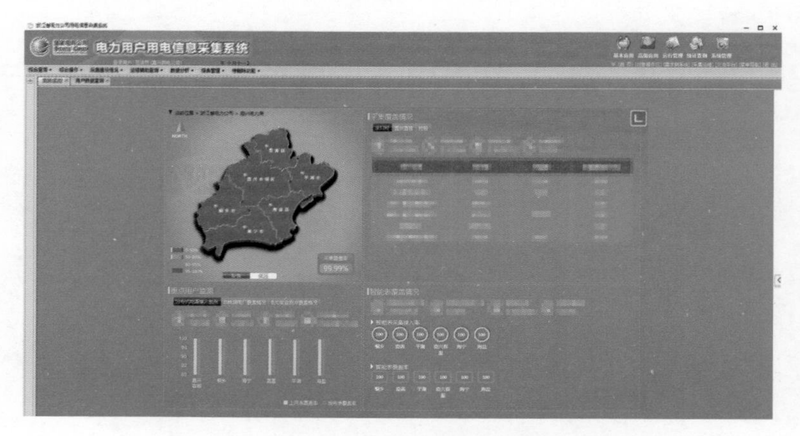

图 2-96 电力用户用电信息采集系统主界面

点击电力用户用电信息采集系统主界面左侧树状目录双箭

头，打开区域、视图查询快捷标签栏。主界面左侧树状目录双箭头位置如图 2－97 所示。

图 2－97　主界面左侧树状目录双箭头

点击主界面左侧树状目录双箭头后即可打开区域、视图查询快捷标签栏，如图 2－98 所示。区域、视图查询标签栏共有七种，分别为供电区域、行政区域、水气区域、用户视图、终端视图、行业视图、群组视图。其中，用户视图用于查看 BC 类监测点用户档案信息以及负荷数据。

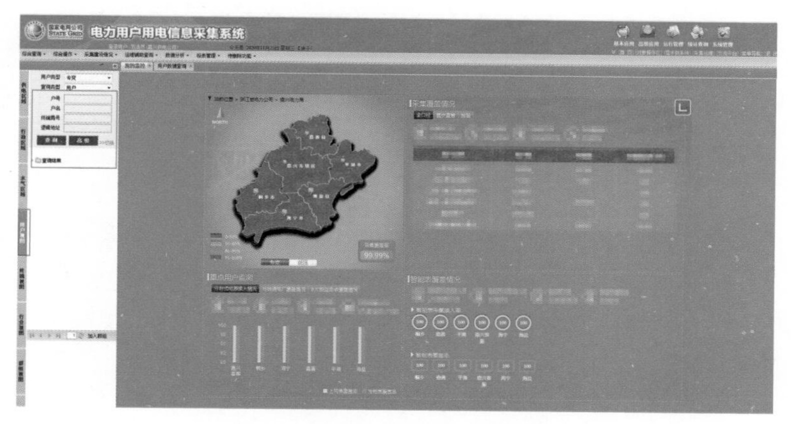

图 2－98　区域、视图查询快捷标签栏

如图 2－98 所示，首先依次选择用户视图，默认用户类型为专变，查询类型为用户，然后可根据户号、户名、终端局号、终端地址等台账信息查询 BC 类监测点用户档案及负荷数据。下面演示城网 C 类监测点“博雅酒店（嘉兴）有限公司”的用户档案及负荷数据查询方法。

如图 2-99 所示，输入户名“博雅酒店（嘉兴）有限公司”，点击“查询”按钮，可在“查询”按钮下方的查询结果中找到“博雅酒店（嘉兴）有限公司”，右键点击“博雅酒店（嘉兴）有限公司”选择用户档案，可以查到 C 类监测点“博雅酒店（嘉兴）有限公司”户号为 161044*****，所属线路为南湖服务区/会展 531 线，用户地址为浙江省嘉兴市南湖区东栅街道文贤社区中环南路与花园路口等信息。

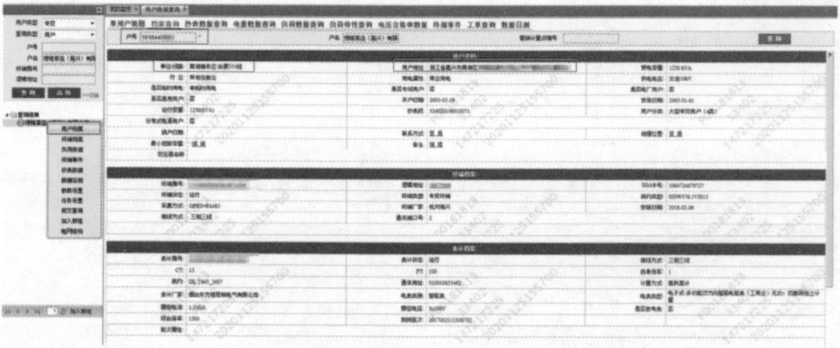

图 2-99　博雅酒店（嘉兴）有限公司用户档案

在图 2-99 中的博雅酒店（嘉兴）有限公司用户档案查询界面上方标签栏，点击负荷数据查询，即可查看 C 类监测点“博雅酒店（嘉兴）有限公司”负荷数据，如图 2-100 所示。图中间红色方框为 C 类监测点“博雅酒店（嘉兴）有限公司”的 A 相电压值数据。

上述 BC 类监测点用户档案查询方法为已知户号、终端逻辑地址所采用的方法。目前，还有一种用户档案查询方法，该方法用于新增 C 类监测点或者根据变电站 10kV 母线选择 C 类监测点。

单用户视图 档案查询 抄表数据查询 电量数据查询 负荷数据查询 负荷特性查询 电压合格率数据 终端事件 工单查询 数据召测

户号 1610440600

开始日期 2020-11-20

结束日期 2020-11-25

日期	表号(终端/表计)	瞬时有功(kW)	A相电流(A)	A相电压(V)
2020-11-25 15:45:00	[illegible]	228.8	19.055	10260

图 2-100 “博雅酒店（嘉兴）有限公司”的 A 相电压值数据

在主菜单依次点击档案管理→档案查询，打开档案查询界面，在区域、视图查询快捷标签栏选择供电区域，节点名选择桐乡供电公司，用户类型默认专变，电压等级选择 10kV，受电容量选择≥500，点击“查询”按钮，如图 2-101 所示，该页面显示的即为桐乡供电公司所有 10kV 的 C 类监测点。若要查询 20kV 的 C 类监测点只需修改电压等级即可，更改节点名即可查看其他单位的 10（20）kV 的 C 类监测点。

电力用户用电信息采集系统

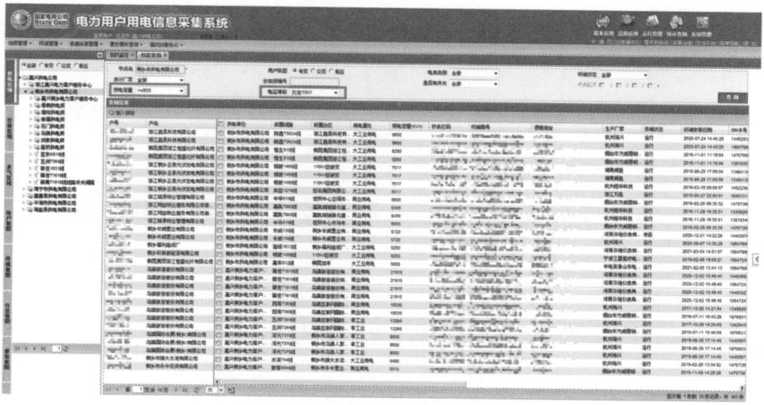

图 2-101 档案管理→档案查询

第三章 供电电压管理

第一节　省公司检查供电电压工作规范要求

一、电压监测装置检验

电压监测装置主要是指D类电压监测仪。新采购的电压监测仪需要有到货验收报告，已经投运的监测点需要有校验报告，且电压监测装置每隔3年需要重新校验一次，原校验报告作废。

电压监测仪检验要求可详见Q/GDW 1817—2013《电压监测仪检验规范》，校验、验收检测范围包括环境温度、湿度、电压合格率误差、超上限率误差、超下限率误差、电压测量精度、电压整定值误差、内部时钟误差等。校验人员必须具备校验电压监测仪的资质证书，否则检测结果无效。

电压监测仪检验报告如图3－1所示，到货验收报告如图3－2所示。

二、电压监测仪上下限及结算日设置

电压监测仪上下限及结算日设置需符合实际，如220V监测点下限应为198V，上限为235.4V，220V监测点限值范围要求可

参考第一章第一节关于供电电压偏差及四类监测点的定义。电压监测仪结算日统一为每月 25 日。

国网嘉兴供电公司

电压监测仪校验报告

基本参数	
编号：V01000500[illegible]	生产厂家：[illegible]
规格型号：DT6	测试线路：线路一
环境温度：25℃	湿度：60%
校验日期：2020-03-23	报告编号：JX20200323-060

校验结果

1.综合测量误差

电压合格率误差	超上限率误差	超下限率误差
0.00%	0.00%	0.00%

2.电压测量精度

80%额定电压			100%额定电压			120%额定电压		
实际值（V）	指示值（V）	误差（V）	实际值（V）	指示值（V）	误差（V）	实际值（V）	指示值（V）	误差（V）
176.00	176.06	0.06	220.00	220.05	0.05	264.01	264.07	0.06

3.电压整定值误差

上限整定值（V）	超上限实测值（V）	上限误差（V）	下限整定值（V）	超下限实测值（V）	下限误差（V）
235.40	235.46	0.06	198.00	198.06	0.06

4.内部时钟误差

日平均误差	1s

结论： 合格

审核：[illegible]	校验：[illegible]	校验人员：[illegible]

图 3–1　南湖电压监测仪校验报告

国网嘉兴供电公司

电压监测仪到货验收报告

基本参数	
编号：V01000500[illegible]	生产厂家：[illegible]
规格型号：DT6	测试线路：线路一
环境温度：22℃	湿度：36%
校验日期：2017-10-20	报告编号：PH20171020-02

校验结果

1.综合测量误差

电压合格率误差	超上限率误差	超下限率误差
0.00%	0.00%	0.00%

2.电压测量精度

80%额定电压			100%额定电压			120%额定电压		
实际值（V）	指示值（V）	误差（V）	实际值（V）	指示值（V）	误差（V）	实际值（V）	指示值（V）	误差（V）
176.00	176.02	0.02	220.00	220.02	0.02	264.00	264.02	0.02

3.电压整定值误差

上限整定值（V）	超上限实测值（V）	上限误差（V）	下限整定值（V）	超下限实测值（V）	下限误差（V）
235.40	235.41	0.01%	198.00	198.01	0.01%

4.内部时钟误差

日平均误差	3s

结论：校验合格

审核：	校验：[illegible]	校验人员：[illegible]

图3–2　平湖市电压监测仪到货验收报告

以南京易司拓电力科技股份有限公司的电压监测仪为例，电压监测仪上下限功能在主菜单→装置参数设置（默认密码为 2）→测点工作参数设置→1 路电压等级设置中，可以设置电压等级和上下限，结算日在同一子菜单下，主菜单→装置参数设置（默认密码为 2）→测点工作参数设置→1 路结算日设置，进入 1 路结算日设置，即可完成修改。

三、电压实时/历史数据

电压实时和历史数据也是省公司检查的重点工作，其目的是：检查电压监测仪取值精度是否达标，检查实时数据是否为真实台区电压，检查历史数据是否与电压系统保持一致。

以南京易司拓电力科技股份有限公司的电压监测仪为例，电压实时数据在点亮装置液晶显示屏后，自动显示实时电压，若想查看当日/当月以及昨日/上月数据，操作步骤如下：进入主菜单→第一路日/月统计→即为当日/当月电压值数据，若继续进入下一子菜单，即为昨日/上月电压值数据。

四、电压监测点台账录入规范性

电压监测点台账录入要求可参考第一章第三节关于供电电压监测点台账命名规范。

A 类电压监测点命名规范：变电站电压等级+变电站名称+××kV 母线+××母线，如 110kV 乌镇变 10kV Ⅱ段母线。

B、C 类电压监测点命名规范：B、C 类监测点名称应与用电信息采集系统用户名称一致，命名规则为：用户电压等级+用电信息采集系统中用户名称（可用简称），如电信局、嘉兴毛纺总厂等。

D 类电压监测点命名规范：D 类监测点名称应包含公用配变台区名称和安装位置，命名规则为：安装位置+PMS 2.0 中公用配变名称+首/末端，如南溪花园 3#箱变（首端）。其中 D 类监测点需提供详细安装位置和经纬度。

第二节　供电电压工作评判标准

国家能源局浙江监管办公室检查供电电压工作评判标准分三部分，分别是电压质量、电压监测仪的安装、电压监测仪的上下限设置。

一、电压质量评判内容及评判方法

1. 电压质量评判内容

（1）城市居民用户受电端电压合格率不低于 95%，10kV 以上供电用户受电端电压合格率不低于 98%。

（2）农村地区年供电可靠率和农村居民用户受电端电压合格率符合原国家电力监管委员会《关于发布全国农村地区供电可靠率及居民用户受电端电压合格率标准的通知》的规定。

2. 电压质量评判方法

（1）检查城市居民用户受电端电压合格率指标、10kV 以上供电用户受电端电压合格率指标是否满足要求。

（2）检查各省农村地区居民用户受电端年电压合格率指标是否满足要求。

二、电压监测仪的安装评判内容及评判方法

1. 电压监测仪的安装评判内容

（1）35kV 非专线供电用户或者 66kV 供电用户、10（6、20）kV 供电用户，每 10 000kV 负荷选择具有代表性的用户设置 1 个以上电压监测点，所选用户应当包括对供电质量有较高要求的重要电力用户和变电站 10（6、20）kV 母线所带具有代表性线路的

末端用户。

（2）对于低压供电用户，每百台配电变压器选择具有代表性的用户设置 1 个以上电压监测点，所选用户应当是重要电力用户和低压配电网的首末两端用户。

（3）供电企业应当于每年 3 月 31 日前将上一年度设置电压监测点的情况报送所在地派出机构。

2. 电压监测仪的安装评判方法

（1）查阅电压监测管理工作相关规章制度。

（2）检查电压监测装置的安装位置、布点。

（3）要求供电企业提供受电端电压监测装置安装地点和数量的设置依据，并予以校核；查看电压监测装置的检验记录。

（4）现场检查电压监测装置的内存数据，并与报表统计数据进行比照。

（5）检查电压监测点设置情况是否及时向监管机构报备。

（6）检查监测数据和统计数据是否真实、完整。

3. 专家参考意见

（1）供电企业设置电压监测点的数量和安装位置应符合有关规定，其监测数据应真实、连续；监测期间设备精度符合要求。

（2）对居民反映电压存在问题的受电点应临时加装监测装置，临时监测装置应持续监测半年以上，有关数据作为受电点电压状况的支撑资料应保存。

三、电压监测仪的上下限设置评判内容及评判方法

1. 电压监测仪的上下限设置评判内容

在电力系统正常状况下，供电企业供到用户受电端的供电电压允许偏差为：

（1）35kV 及以上电压供电的，电压正、负偏差的绝对值之和不超过额定值的 10%。

（2）10kV 及以下三相供电的，供电电压允许偏差为额定值的±7%。

（3）220V 单相供电的，供电电压允许偏差为额定值的－10%～＋7%。用户用电功率因数达不到规定的，其受电端的电压偏差不受此限制。

2. 电压监测仪的上下限设置评判方法

检查电压监测装置的参数设置情况。

第四章
供电电压质量管控专项提升

第一节　供电电压分析与质量提升

一、A 类电压提升方法

A 类监测点越限主要原因为：档位异常动作，电容器未及时投切，变电站检修、施工，支线老塔拆除等。

解决办法：

（1）提前获取调度变电站检修计划，对有越限风险的变电站母线进行重点监控，杜绝或者减少 A 类监测点越限。

（2）调度部门调整变电站运行方式时，注意加强对电压情况的管控，减少这些变电站供电的用户越限时间，尽可能控制影响范围。

二、B、C 类电压提升方法

B、C 类监测点越限、数据异常主要原因集中原因为表计更换，用户侧熔丝烧断、缺相，切换电源导致电压等级错误等。

解决办法如下：

（1）和营销部门沟通，对于考核点内的用户如出现现场变动、厂址更换、表计更换等影响数据正常上传的情况，提前通知相关专职，提前更换测点。

（2）用户现场熔丝熔断现象为现场问题，很难做到完全预防，在 C 类测点选点时应尽量避免现场设备老旧的用户；同时在满足布点要求的基础上，增加 3～5 个备用测点，这样在出现严重越限问题时删除测点也能够满足布点要求。

（3）每日巡视 B、C 类监测点电压情况，若发生越限等问题应及时与营销部门沟通处理，避免发生过长越限情况。

（4）切换电源时及时与营销部门协调好，避免上传电压等级错误的数据。

三、D 类电压提升方法

D 类测点的问题主要有：① 变压器增容改造后导致现场电压越限较长；② 测点所属台区为小水电供电的线路，在雨水较猛的季节就会出现电压越限情况；③ 台区所属线路切割运行方式调整，送电后电压波动较大，导致出现越限情况；④ 通知后不及时整改，导致此测点连续严重越限。

解决办法如下：

（1）在工作票上加上调档备注。当发生更换配电变压器等操作时，要先用万用表测量电压，保证电压合格再上电；同时报备电压管控小组，加强对该测点的监控，若有问题及时整改。

（2）在 D 类测点所属台区变压器处贴上“该台区为国网电压监测点，严禁随意调整，如需调整提前请联系×××，联系方式×××”的标牌，并在标牌中表明监测点信息，负责人信息，防止出现因变压器检修、调整导致的 D 类测点越限。

（3）D 类测点尽量避免小水电供电的台区，避免因雨水情况导致测点出现越限。

第二节　供电电压常用电压监测仪介绍及维护

一、常见电压监测仪类型

常见电压监测仪有南京华瑞杰自动化设备有限公司的DT606电压监测仪、南京易思拓电力科技股份有限公司的DT6电压监测仪、宁波舜阳电测仪器有限公司的DT6—1电压监测仪。三种电压监测仪的通信方式均为GPRS，需要插入SIM卡，通信模式为2G。目前，南京易司拓电压监测仪最新款DT609已支持4G模块通信。

二、电压监测仪的安装与验收

下面以华瑞杰DT606装置为例，介绍电压监测仪的安装与验收。

装置通信方式及实物图如表4－1所示。装置电压端子接线如图4－1所示。

表4－1　　装置通信方式及实物图

产品型号	通信方式	实物图片
DT606	GPRS	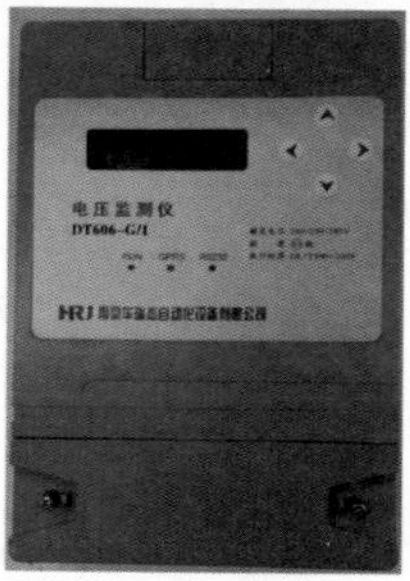

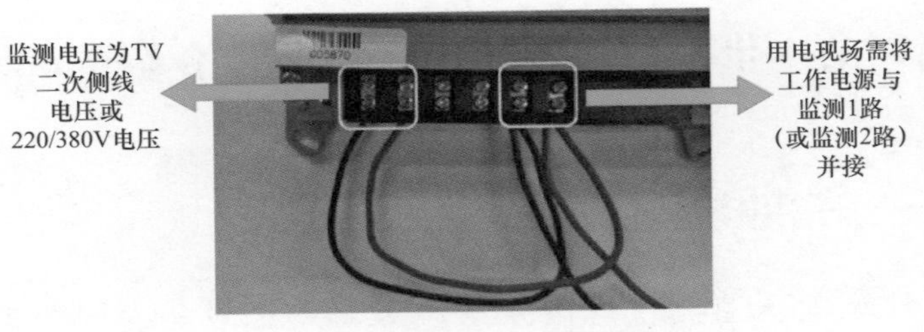

图4-1　装置电压端子接线图

1. 装置安装流程及步骤

装置安装流程如图4－2所示。

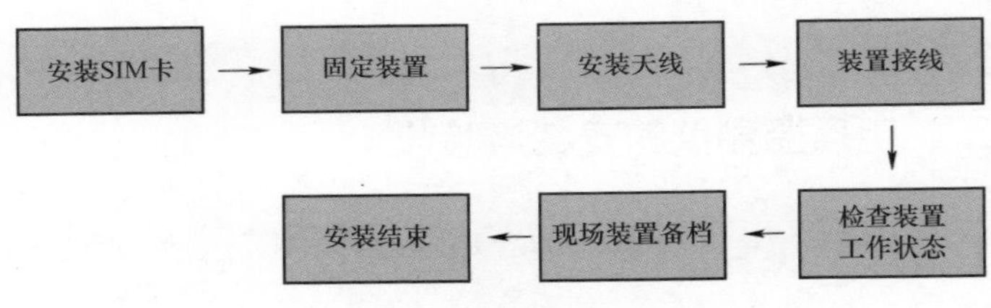

图4-2　装置安装流程

装置安装步骤如表4－2所示，安装步骤共有7个。

表4-2　　装置安装步骤

步骤	工作内容	工艺标准图片
1	装置安装手机SIM卡（SIM卡需开通GPRS套餐及绑定APN专线），SIM卡槽位于装置液晶屏顶部凹槽内	

续表

步骤	工作内容	工艺标准图片
2	固定装置于指定安装位置	
3	安装天线。屏柜在设计时应在顶部或侧面留有 13mm 圆孔，装置天线可引到计量柜外，保证装置通信正常	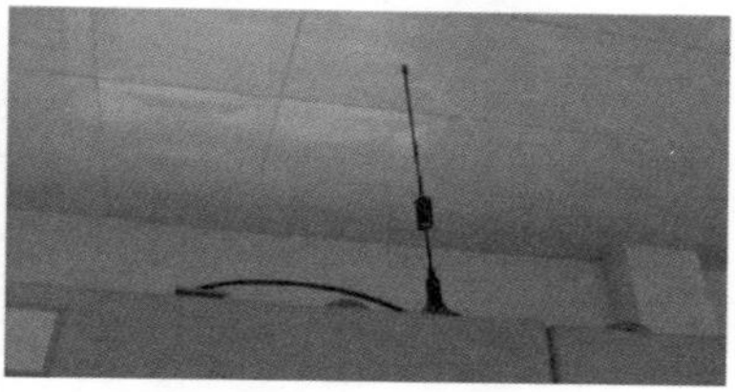
4	装置接线。在电压测量点用截面积 1.5～2.5mm^2 的导线引出，DT606 用电现场需将工作电源与监测 1 路并接来给电压装置供电	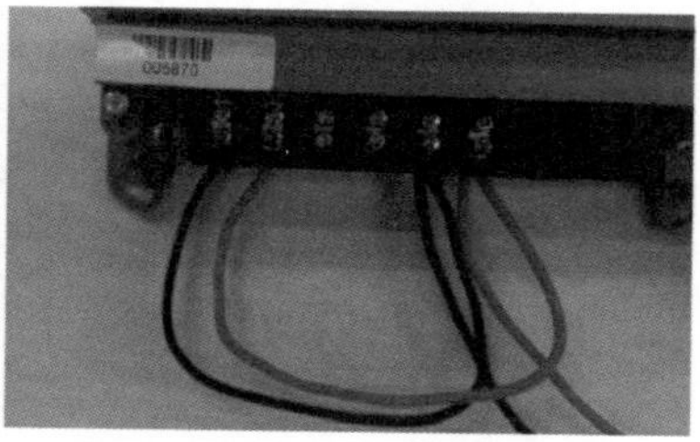 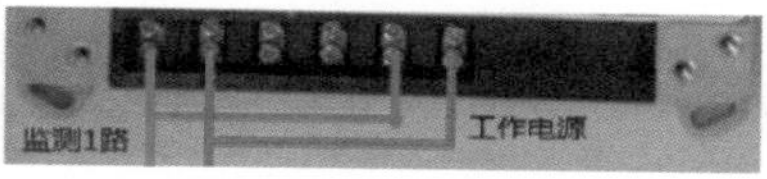

续表

步骤	工作内容	工艺标准图片
5	检查装置工作状态（包括通信状态与电压等级上下限）	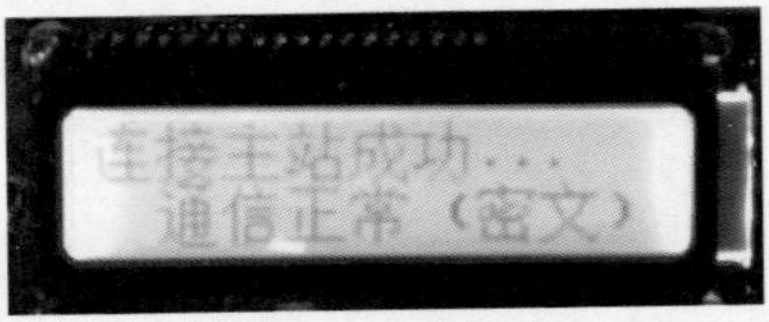连接主站成功... 通信正常（密文） 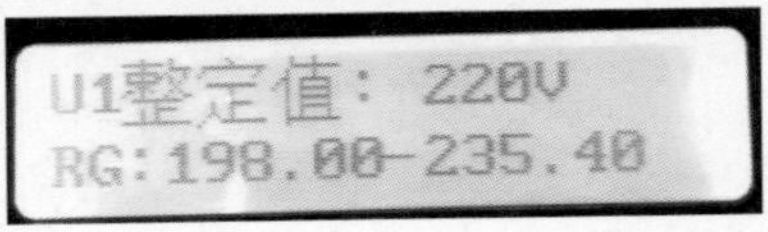U1整定值：220V RG:198.00-235.40
6	装置备档，填写信息表	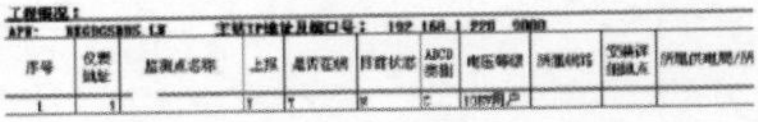序号 监测点名称 上报 ABCD类别 电压等级
7	安装结束	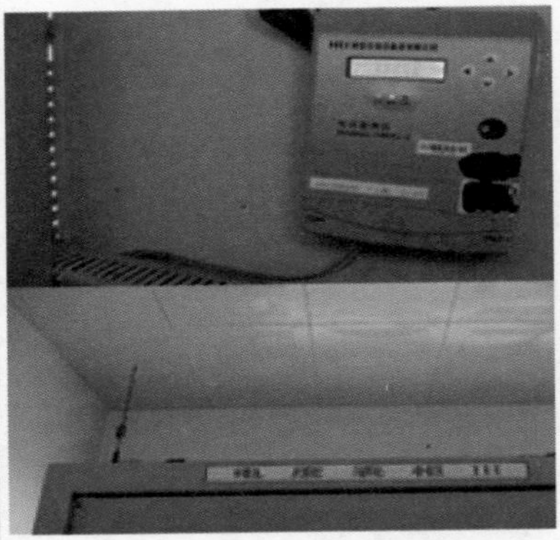

2. 装置验收步骤及标准

装置安装完成并成功送电后，需对装置进行全方位检查，进行现场验收。检查对象有核对装置通信是否正常、核对装置监测电压值与实际是否相符、核对装置时间、结算日、核对电压等级与上下限、记录装置原始 ID、通信 ID 等档案信息、与主站核对数据是否准确等，如表 4–3 所示。

表 4-3　　装置验收步骤及标准

步骤	检查对象	检查结果参考
1	核对装置通信是否正常	
2	核对装置监测电压值与实际是否相符	
3	核对装置时间、结算日	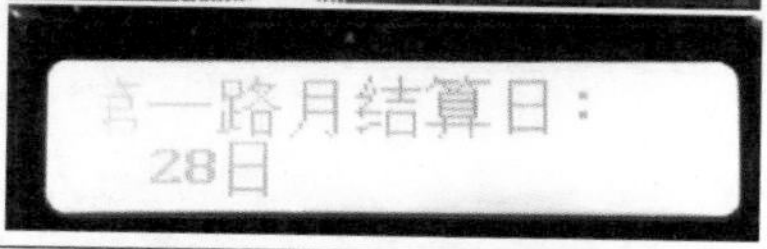
4	核对电压等级与上下限	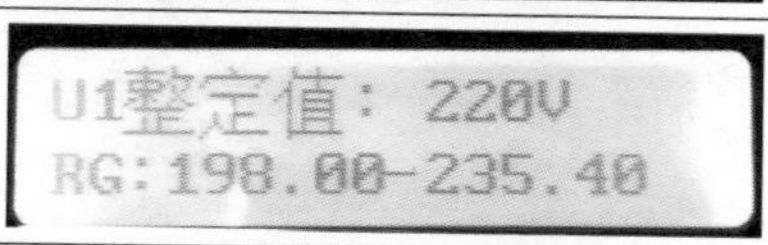
5	记录装置原始 ID、通信 ID 等档案信息	 
6	与主站核对数据是否准确	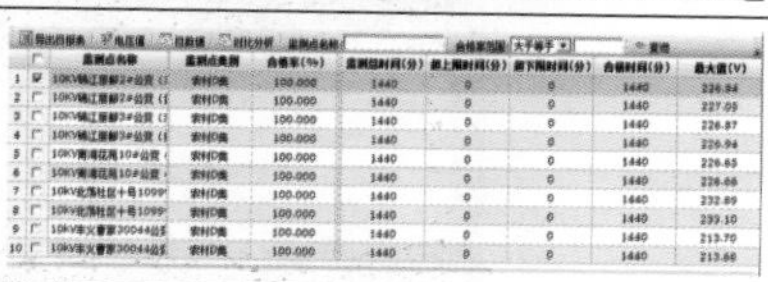
7	检查结束	

3. 装置设定电压等级操作示例

装置按键如图 4－3 所示，在不同的操作菜单下，装置上、下、左、右按键的功能会稍有不同。

（1）电压等级参数设置状态。上、下键：逆、正序选择电压等级参数；右键：确认执行此操作；左键：返回上一层菜单。

（2）上、下限参数设置状态。上键：数字加 1；下键：光标向右移 1 位；右键：确认执行此操作；左键：返回上一层菜单。

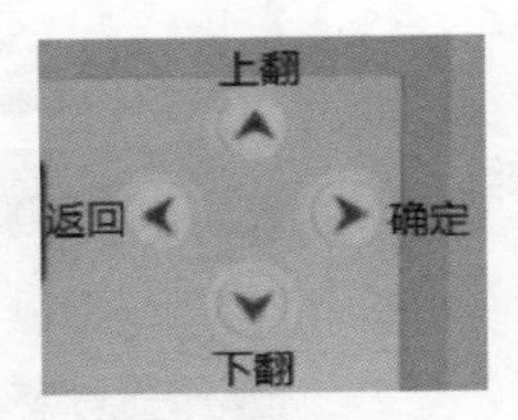

图 4－3　装置按键

装置液晶显示“当前第一路电压 U1＝…”界面→右键，进入装置主菜单页面→连续点击下键→选择“5.装置参数设置”菜单→输入密码“2*****”(上键功能：改变密码数字，默认顺序 0～9；下键功能：移动光标位置）→右键，确认进入。

选择“3. 测点工作参数设定”→右键，确认进入→选择“1.一路电压等级设置”→右键，确认进入→点击下键，依次可选择电压等级、上限（即监测电压上限）、下限（即监测电压下限），根据需要，选择需要执行的操作，完成后如图 4－4 所示。

图 4－4　电压等级设置

电压监测仪其余参数设定方法可参考电压等级操作示例。

4. DT606 电压监测仪菜单快速查询表

为了便于现场运维工作人员快速找到需要修改的装置参数所在菜单，加快电压运维管控速度，提高运维人员工作效率，特整理出 DT606 电压监测仪菜单快速查询表，如表 4－4～表 4－7 所示。

表 4－4　DT606 电压监测仪主菜单

序号	内容	序号	内容
1	第一路日统计	6	厂家管理设置
2	第一路月统计	7	装置信息查询
3	第一路测点事件	8	装置通道状态
4	装置事件记录	9	重启装置
5	装置参数设置		

表 4－5　DT606 电压监测仪部分主菜单及对应子菜单内容

DT606 电压监测仪主菜单	子菜单 2 内容
1. 第一路日统计	当日合格率：3.922%当日合格时：00002 分 当日超上率：96.078%当日超上时：00049 分
2. 第一路月统计	当月合格率：3.922%当月合格时：00002 分 当月超上率：96.078%当月超上时：00049 分
3. 第一路测点事件	00 测来：05－03 11:08　01 越上：05－03 11:07 02 上恢：04－23 22:07
4. 装置事件记录	00 装来：05－03 11:08　01 启动：05－03 11:07 02 启动：04－23 22:07　03 装停：04－23 22:06
8. 装置通道状态	GPRS 模块开机/关机，检测 SIM 卡
9. 重启装置	确定重启终端？否

表 4-6　　DT606 电压监测仪装置参数设置及对应子菜单功能

DT606 电压监测仪主菜单	子菜单 2 功能	子菜单 3 功能
5. 装置参数设置（密码为 2）	1. 通信参数设置	1. 通道选择设置
		2. 心跳间隔设置
		3. 主站 IP 设置
		4. 主站端口设置
		5. APN 设置
		6. GPRS 用户名密码
		7. 本地 IP 设置
		8. 本地端口设置
		9. 子网掩码设置
		A. 网关设置
		B. 串口波特率设置
		C. 装置地址设置
		D. TCP/UDP 设置
	2. 测点工作参数设置	1. 1 路电压等级设置
		2. 1 路结算日设置
		3. 2 路电压等级设置
		4. 2 路结算日设置
	3. 装置工作参数设置	1. 装置时间设置
		2. 装置数据清零

表 4-7　　DT606 电压监测仪厂家管理设置及对应子菜单功能

DT606 电压监测仪主菜单	子菜单 2	子菜单 3
6. 厂家管理设置（密码为 12）	1. 装置相关	1. 监测路数设置
		2. 装置事件上送设置

续表

DT606 电压监测仪主菜单	子菜单 2	子菜单 3
6. 厂家管理设置（密码为 12）	1. 装置相关	3. 显示历史设置
		4. 显示停电设置
		5. 电压考核范围设置
		6. 越限事件粒度设置
		7. 越限电平设置
		8. 以太网硬件设置
		9. 用户密码设置
		A. 关电池供电
		B. 规约类型
		C. 加密开关
	2. 文件系统信息	1. /flash 信息
		2. /boot 信息
	3. 格式化相关	1. 恢复初始状态
		2. 恢复出厂参数
	4. 日志参数	1. 日志级别设置
		2. 日志任务设置
		3. 串口日志设置
		4. 日志等待时间设置
	5. 测点一参数	1. U1 电压标定设置
		2. 1 路主动上送设置
		3. 1 路数据上送周期
		4. 1 路月上送时间
		5. 1 路日上送时间

三、电压监测仪常见缺陷及处理

（一）电压监测仪常见缺陷及解决办法

1. 装置提示密钥协商失败

密钥协商是装置在线的倒数第二步，最后一步为连接主站成功，所以装置出现密钥协商失败，说明装置本身参数及 SIM 卡没有问题，问题出在省公司 CAC 上。装置提示密钥协商失败的解决办法如下：

（1）装置时间异常会出现该提示，修改时间即可。

（2）若装置时间正常，可尝试装置重启复位。

2. 无法连接网络

装置提示无法连接网络，其主要原因是 SIM 卡故障、停卡或 SIM 开通的套餐非电压监测仪套餐。若确定 SIM 卡正常，则以下几个原因：

（1）装置或因电科院校验导致出厂编码和通信编码不一致，所以无法连接网络，需要恢复出厂设置。

（2）装置通信参数出现问题，如 APN、主站 IP 设置有误等。

（3）装置时间与实际不符。

3. 现场装置提示 GPRS 功能关闭，通信状态显示通道关闭

现场装置提示 GPRS 功能关闭属于装置参数被异常篡改，导致 GPRS 通信状态异常关闭，需手动打开。按键依次进入主菜单第五项“装置参数设置”，找到通信参数设置→通道选择设置，手动选择为开，并按右键保存设置，最后重启装置即可。

4. 装置重启方法

按键依次进入装置主菜单→装置重启→选择“是”→确认→

装置自动重启。

注意事项：装置重启在最后一项，进入装置主菜单后可以按“↑”键快速到达；进入装置重启菜单后，发现默认为“否”字且处于闪烁状态，需要按一下“→”键确认，此时“否”字常亮不闪烁，再按一次“↑”键即可修改为“是”，最后按一下“→”键确认，装置便自动重启。

5. 其他注意事项

更换手机卡时需要断开电压监测仪电源，否则损坏手机卡；装置无信号时除了手机卡原因外，还需要检查天线是否安装牢固、是否处于屏蔽柜内。若同一时间段内，用电现场出现同一线路上的装置同时离线问题，请先确认该线路是否有停电情况；若同一时间段内，用电现场出现大批量装置离线问题，请先检查装置手机 SIM 卡是否有欠费停机情况。

6. 用电现场排查工具

十字口螺丝刀、万用表、绝缘胶带（机柜钥匙、备用装置、备用 SIM 卡）等。

（二）电压监测仪通用故障排查流程及方法

电压监测仪出现异常时，较为通用的处理流程是先从检查装置本身开始，依次检查电压监测仪 GPRS 信号强度、终端 SIM 卡是否安装正常、SIM 卡是否损坏及停卡等，再检查装置通信参数，最终现场核对完毕仍无法解决的，返回厂家维修即可。电压监测仪通用故障排查流程如图 4－5 所示。

表 4－8 是针对装置通用故障排查流程的详尽表述。

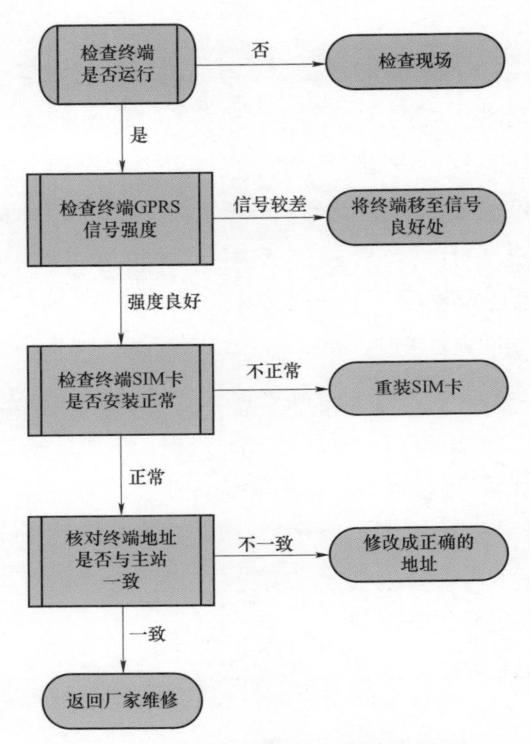

图 4-5 电压监测仪通用故障排查流程

表 4-8 装置通用故障排查方法

故障排查流程	处理方法或问题原因
1. 检查装置是否安装运行正常	（1）装置工作电源未接入相应电源或工作电源停电； （2）装置被相关人员拆回； （3）装置被相关人员停用； （4）装置安装线路被相关人员改造后装置未接入； （5）装置接入的工作电源电压等级不匹配
2. 检查装置GPRS信号强度	（1）装置是否安装在地下室或类似信号较弱的地点，如是则与中国移动公司沟通解决，是否需要增加信号增强装置或其他途径； （2）装置 GPRS 天线是否安装正确，天线是否放置于信号较好、信号稳定的位置； （3）装置 GPRS 天线是否放置在屏蔽屏柜内导致信号被屏柜屏蔽

续表

故障排查流程	处理方法或问题原因
3. 检查装置SIM卡是否安装正常	（1）装置SIM卡是否漏装； （2）装置SIM卡安装是否正确，有无装反； （3）装置SIM卡是否欠费； （4）装置SIM卡GPRS套餐业务是正确开启； （5）装置SIM卡若绑定IP地址，IP是否被其他卡占用； （6）装置SIM卡是否损坏？若损坏则更换好的SIM卡，判断问题是出自SIM卡还是装置
4. 核对装置地址与主站是否一致	（1）装置地址是否与装置液晶内显示的一致； （2）装置地址是否已被其他装置占用？（若重复则重新配置地址） （3）装置地址是否抄录错误？（主站重新录入地址） （4）装置地址主站是否录入错误？（主站重新录入地址）
5. 返回厂家维修	（1）拆回装置；（若有备表更换更好） （2）故障表，粘贴装置主站配置的有效地址； （3）故障表，粘贴装置故障描述； （4）故障表，粘贴回寄地址、收件人姓名； （5）故障表邮寄或快递厂家